对工作负责
让领导放心

姜正成 编著

中华工商联合出版社

图书在版编目（CIP）数据

对工作负责 让领导放心 / 姜正成编著.—北京：中华工商联合出版社，2018.7

ISBN 978-7-5158-2296-9

Ⅰ.①对… Ⅱ.①姜… Ⅲ.①责任感—通俗读物 Ⅳ.①B822.9-49

中国版本图书馆CIP数据核字（2018）第087402号

对工作负责 让领导放心

作　　者：姜正成
责任编辑：李　健
装帧设计：张　雪
版式设计：姚　雪
责任审读：郭敬梅
责任印制：迈致红
出版发行：中华工商联合出版社有限责任公司
印　　刷：北京市通州大中印刷厂
版　　次：2019年1月第1版
印　　次：2019年1月第1次印刷
开　　本：710mm×1000mm　1/16
字　　数：172千字
印　　张：14.75
书　　号：ISBN 978-7-5158-2296-9
定　　价：49.80元

服务热线：010-58301130
销售热线：010-58302813
地址邮编：北京市西城区西环广场A座
　　　　　19-20层，100044
http://www.chgslcbs.cn
E-mail: cicap1202@sina.com（营销中心）
E-mail: gslzbs@sina.com（总编室）

前 言

　　责无旁贷，就是告诉我们每个人都要尽自己应尽的责任，不能将责任推卸给别人。无论承担什么样的角色，我们都应该担负起自己应尽的责任。因为工作就意味着责任，需要我们尽职尽责地去完成。一个缺乏责任感的人，是一个什么都做不好的人。

　　责任感是我们做好每一件事情的助推器，是我们实现远大理想的原动力，也是我们创造美好生活的催化剂！

　　在现实生活中有许多情况值得我们去深思。特别值得关注的是，人们对自身价值的认同感在逐渐下降。不知道那些事事不认真、不用心，时时三心二意的人是否已经意识到，在一个家庭中，我们也许并不是家长，但如果没有我们，这个家庭将不再完整；在一个单位中，我们也许并不在重要岗位，但如果没有我们，这个单位的工作可能会受到一定的影响；在一个朋友圈中，我们也许并不是主要人物，但如果没有我们，这个圈子也将会留下遗憾！

　　可以说，我们的存在有着重要的意义。也许我们的能力和水平、我们的学识和修养、我们的胸襟和气度、我们的地位和权力还不能让我们做什么事都随心所欲，干什么事都得心应手，遇到什么事都应付自如，但无论任何时候，无论身处何方，无论是顺境还是逆境，我们都不应该忽视自身存在的价值。因为我们的存在，我们

就有责任。我们有责任去活得好，这是我们对自己负责的表现。这就要求我们必须时刻认真负责地面对生活，不能一遇到挫折就悲观失望，一遇到险阻就退缩不前，一遇到打击就自暴自弃，一遇到痛苦就一蹶不振，一遇到挑战就胆战心惊。只有这样，我们才会活得充实而有意义。

在这个世界上，没有一个人的心情永远开朗快乐，也没有一个人会活得永远轻松自在，更没有一个人会永远无忧无虑。

为什么人们尽管会遇到各种各样的困苦与挫折、阻力和风险、悲喜及得失，但还是会永不停止自己前进的脚步，坚定地擦干眼泪，抛却忧伤，挺直腰板，毅然决然地奔向前方呢？

这是因为自身的一种责任感在推动。正是这种对理想、对信念、对人生、对事业、对社会、对家庭、对父母、对子女、对亲属、对朋友的强烈责任感，才使得人们变得坚强无畏，变得勇敢执着，变得坚定不移。

如果说智慧和能力像金子一样珍贵，那么勇于负责的精神则更为可贵。一个人一旦缺少勇于负责的精神，那么这个人就会被人轻视。机遇对每个人都是平等的，关键看我们是否去寻找，在平凡的事情中做出不平凡的成绩来。社会并不缺少有能力的人，而是需要既有能力又有责任感的人。对社会尽责，享受负责后的欢欣。

生活总会给每个人回报的，无论是荣誉还是财富，前提条件是我们必须端正自己的思想和认真努力培养自己尽职尽责的工作精神。一个人只有具备了尽职尽责的精神之后，才会产生改变一切的力量。

生命中有许多我们不想做却又不得不做的事，这就是责任；因为有责任我们才有辉煌。

　　带着责任上路，带着责任前行，正是我们需要时时刻刻牢记的永恒信念。

　　带着责任上路，带着责任前行，我们的生活才会更有价值、更有意义。

目　录

第一章 | 责无旁贷——责任感是高尚的职业精神

　　责任感，是一种高尚的道德情感。我们每时每刻都要有责任感，对家庭的责任感，对工作的责任感，对社会的责任感，对生命的责任感等。有了责任感，在工作中，就能尽力将事情做到最好，力求完美，创造出非凡的业绩。

第二章 | 重视责任——责任比能力更重要

责任胜于能力，责任承载能力。责任与能力只有相辅相成才能相得益彰。工作必须具备责任感，责任在先，能力在后。能力必须由责任来引导，责任必须靠能力来实施。责任对于我们来说，不仅是一种任务，更是一种使命。

第三章 | 忠于职责——敬业是责任感的升华

忠诚来自强烈的责任感，一个人只有具备了对企业与工作高度负责的精神，才算是真正的自我升华。一个没有责任感的人，就算每天都将敬业挂在嘴边，也经不起考验的。

第四章 | 认真负责——对工作负责的关键就是认真

在工作中，只有认真对待每一件工作，才能将工作做到最好，才是对工作、对自己的真正负责。在工作中，要尽自己最大的努力来求得不断的进步。这不仅是一种工作的原则，也是一种做人的准则。

第五章 | 落实责任——责任不落实等于不负责任

要始终坚信：没有做不好的工作，只有不负责任的人。责任是每个人的事。企业的员工要时刻保持高度的责任感，为自己的工作

承担起责任。工作意味着责任，没有不需要承担责任的工作。

第六章 担当责任——一切借口都是在推卸责任

　　企业里的每一名员工都共同承担着企业生死存亡、兴衰成败的责任。无论我们的职位是高还是低，这种责任是不可推卸的。勇于承担自己的责任，不找借口，不推卸责任，才能够保证工作的顺利进行。勇于承担责任是一个人成就事业的可贵品质之一。

第七章 | 超越责任——不要只做领导交代的事

在现代职场里，有两种人永远无法取得成功：一种是只做老板交代的事的人，另一种是做不好老板交代的事的人。只有那些那些不需要被人催促就主动去做事，而且不会半途而废的人才会成功。

第一章

责无旁贷——责任感是高尚的职业精神

责任感，是一种高尚的道德情感。我们每时每刻都要有责任感，对家庭的责任感，对工作的责任感，对社会的责任感，对生命的责任感等。有了责任感，在工作中，就能尽力将事情做到最好，力求完美，创造出非凡的业绩。

责任感是立足之本

责任感是立足之本。只有对工作富有责任感，你才会对工作充满热忱，才有追求事业的干劲和动力。责任感带给你克服困难和险阻的动力。

责任感是做好一切工作、帮助企业提高市场竞争力的重要法宝和根本保障。从某种意义上来说，责任感是推动人们前进的巨大动力。正是由于有着对事业的不懈追求，人们才能在实现理想的过程中自觉地增强责任感和使命感。做到遵纪守法，踏踏实实、兢兢业业地工作，明白自己该干什么，不该干什么，力求把工作做实、做好。自觉放弃"多干不如少干，干好干坏一个样"的思想，对自身的道德约束和综合素质的要求更高、更全面，做到"吾日三省吾身"，此谓"责任感"。一个有着强烈责任感的人必然热爱着他所从事的职业。责任感促使一个人时刻牢记他所追求的目标，并想方设法为之奋斗，"虽九死其犹未悔"，直至完成他所为之奋斗的事业。因此，责任感是成就所有事业的基石与保证。由此可见，提高责任感，对于我们的日常生活和工作来说是多么重要！

一个具有责任感的人，可以塑造出自己完美的人格。责任感与自尊心、自信心、进取心、事业心、同情心等相比，应该排在首位，是它们的"核心"。责任感是一种朴素但又十分可贵的品质，是一个人应当具备的品质。而要做到这一点，也不是遥不可及的，因为它在我们日常学习和生活中就能得到体现。只要我们相信，经过不断地努力，我们都会成为也一定能够成为有责任感的人。每个成年人，都有自己的社会角色。在家庭生活中，我们是子女、父母、丈夫或妻子，都有特定的必须由我们承担的责任。在工作中，我们的职业决定了我们的社会责任。可以说，没有责任感的人，在社会中是不能独立生存的，因为人人都必须有自己的责任。如果没有了社会责任，要么是我们的生命终止了，要么是我们丧失了正常的意识。

一些员工在实际工作中都出现过这样或那样的差错，扪心自问，其中有多少是客观因素造成的呢？究其原因，几乎所有的差错都是由于疏忽、懈怠引起的。小到每批生产记录的记错，大到原料在生产中的出错、严重的安全事故等，都是由于缺乏工作责任感引起的。这样沉痛的教训我们听到、见到的太多了。从大处说，若一个单位领导责任感不强，无进取心，缺乏开拓精神，那么这个单位肯定死气沉沉，了无生机，也没有什么光明的前途可言，更不可能激发员工的主观能动性和创造性。就个体而言，如果一个员工在工作中缺乏责任感，那他一定不是一个合格的员工。他的工作差错率肯定很高，更不要奢谈他会为单位作出应有的贡献了。相反，有时甚至会给单位抹黑，使单位遭受不必要的损失。若一个单位从领导到职工对事业都充满信心，对本单位充满感情，对所从事的岗位充满热情，那么这个单位必然有着极强的凝聚力，竞争力定会在同行业中出类拔萃，呈现出一派欣欣向荣的气象。归根结底，事业心的

有无，责任感的强弱，直接决定着一个企业的兴衰存亡。

"上下同心，其利断金。"当所有的员工都对事业心和责任感有足够的重视，都能把自己所从事的工作不仅看成是增加收入或攫取社会地位的手段和途径，而且还去实实在在体会工作中蕴含的快乐，并提升自身能力，那时才是企业如日中天、走向辉煌之际。只要我们团结奋斗，只要我们努力拼搏，这一天的到来指日可待。

工作是人安身立命、实现自我价值之所在，"在其位、谋其政、做其事、尽其责"。忠于职守、勤勉尽责是一名工作人员起码的职业操守和道德品质。每个人的岗位不尽相同，所负责任有大小之别，但要把工作做得尽善尽美、精益求精，却离不开一个共同的因素，那就是具备强烈的事业心和责任感。有了责任感方能敬业，自觉把岗位职责、分内之事铭记于心，该做什么、怎么去做及早谋划、未雨绸缪；有了责任感方能尽职，一心扑在工作上，有没有人看到都一样，做到不因事大而难为、不因事小而不为、不因事多而忘为；有了责任感方能进取，不因循守旧、墨守成规、原地踏步，而是勇于创新、与时俱进、奋力拼搏。

工作既是谋生的手段，也是个人对社会的一份责任。一个人的工作做得好不好，最关键的一点就在于有没有责任感，在于是否认真履行了自己的职责。

常常听到一些推托之词："这不是我的错""我不是故意的"等。这折射出个人对工作失误或失职的掩饰，没有勇气承担责任。人的一生必须承担各种各样的责任，对于自己应承担的责任要勇于担当。责任承载着能力。一个充满责任感的人，才有机会充分展现自己的能力；只有负责任的人，才有资格成为优秀团队中的一员；

缺乏责任感的人，也就没有了发挥才能的舞台。责任可以使人坚强，责任可以发挥自己的潜能。责任可以改变对待工作的态度，而对待工作的态度，决定我们的工作成绩。在这个世界上，有才华的人很多，但是既有才华又有责任感的人却不多。只有责任和能力共有的人，才是社会最需要的。

从某种意义上讲，责任，已经成为人的一种立足之本。承担更多的责任，为荣誉而工作，就是全力以赴，满腔热情地做事；就是为单位分担忧虑，给领导减轻压力，给上级以支持，给同事以帮助；就是自觉履行自己的职责。有些事情并不是需要很费力才能完成的，做与不做之间的差距就在于——责任。知荣辱，尽责任，建新功，就没有做不好的工作。我们只有在工作中，清醒、明确地认识到自己的责任，履行好自己的职责，发挥和挖掘自己的能力和潜力，工作才能由压迫式、被动转化为积极主动，才能享受到工作中的乐趣，享受成绩带来的快乐。

责任感是企业发展的原动力

在一个企业里，员工有没有责任感，有多强的责任感，很大程度上决定着企业的命运。一个负责任的企业，拥有众多充满责任心和责任感的员工，就等于拥有了源源不断的发展动力，必定会在市场竞争中急流勇进，持续做好、做精、做强。那么，责任感应该怎样激发培养起来呢？

很多人信奉"宁做小老板，不做大职员"的哲学，认为不管公司企业的规模大小，只有自己开创的基业才算是一种事业，给别人打工永远只是一种工作。这种哲学催生了无数个失败的小老板，也葬送了许多优秀员工的大好前程。事实上，如果你能把工作当成事业去做，就会产生源源不断的工作动力，就能以高度的责任感把普通的工作做成一个大有可为的事业。

许多建立了一系列规章制度、管理办法的企业最终仍免不了走上衰落之路，原因何在？责任感在企业的缺失恐怕是一个重要因素。思想是行动的先导，试图仅通过具有强制性、约束力的制度、管理办法等固化、刚性措施来实现企业的持续长远发展是远远不够的。企业的发展离不开人，员工是企业最为宝贵、最有价值的资源。企业方方面面的工作任务都要靠人去执行、去推动。如果人的主观能动性没有调动起来的话，那么在制度、措施、纪律面前总会存有"可钻营之管理'漏洞'、可推脱之失误'借口'"。

每个人心中都有追求卓越、追求美好、追求高尚的情结存在，都希望自我价值能够得到体现、个人的努力能够得到肯定和回报。也就是说，责任感和事业心在每个人的心中都会存在。作为企业，要用高尚的动机和先进的文化去调动大家心中的责任感、事业心，用正确思维将员工紧紧地团结在工作周围，培养员工的集体荣誉感和团队协作精神。让每个人都明白，工作就意味着责任，责任意识会让我们表现得更卓越。要让每个人感觉到自己的重要性，体会到自己的智慧和付出为企业发展所作出的贡献。这种贡献不仅带来了企业整体的荣誉和利益，而且个人也会有丰厚的回报。

作为员工要树立起"企兴我荣，企衰我耻"的意识，将个人利益与企业利益联系起来，认识到自己其实与企业、与团队休戚相关，荣辱与共。这种对企业高度的责任感和责任意识是一种自律。当员工的责任感内化为一种自觉意识、外化为一种自觉行为时，履行责任就能从被动转向主动、从自发走向自动，使为企业努力工作、维护企业利益凝心聚力、共同推动企业发展，成为大家自觉、自愿、自发、自然的行为。

企业的责任，无非体现在两个方面：对内的责任和对外的责任。对内的责任是指对投资者、股东的责任；对外的责任是指对社会的责任。从某种程度上来说，企业的责任感是企业远航的风帆，是企业能否发展长远的核动力。

企业生命力的外在表现是良性发展与责任感相结合的一种方式。发展自然是一个企业的硬道理，那在发展的目标之上，企业的品牌营造与责任是发展过程中最有效的动力形式。而责任，承载了更多的企业发展概念。

某年，一场大洪水席卷了某地，导致了面包短缺。由于没有接到上级的特别指示，凯瑟琳面包公司的外勤人员，照常按以前的模式，出外到各经销店送刚烘制出来的新鲜面包，并将超过期限的面包回收。

一天，这位运货员乘车从几家偏僻的商店回收了一批过期的面包。在返回的路上，他们的车停在了一个有很多人的经销店前，马上就被一群抢购面包的人团团围住了，他们提出要购买车上的面包。

运货员告诉他们这些面包已经过期了，是不能卖的。但是，运货员的言辞，反而引起了人们的误会，认为他们是想囤积居奇。于是人越围越多，几个记者也加入了其中。

无奈之下，运货员只得再次解释道："女士们、先生们，请相信我，我绝对不是因为想囤货投机而不肯卖给你们，实在是我们规定得太严了。车上的面包都已经过期了，如果公司知道我把过期的面包卖给你们，那我就会被解雇。还请你们能够谅解。"

由于大家急需面包，这车面包最后还是在双方的"默契"下，很快被"强买"一空。

几家媒体的新闻记者，将获得的这一新闻极力渲染，成了轰动一时的报道。凯瑟琳公司员工的责任感，给消费者留下了深刻的印象。

假如工作人员不负责任而直接把过期的面包销售的话，那将会大大地损害他们公司的信誉。不同的处理方式，竟然获得了完全不同的效果，究其根本，还是责任感得到放大的结果。

对待工作中的任何事情，我们都应该抱以认真、严谨、一丝不苟的态度。只有这样，你才能获得自己需要的、最准确的答案，更好、更完美地完成手头的工作。当然，你也能赢得他人的信任，获得自己人生和事业上的成功。

责任感可以保证完美无缺的结果，可以制造出零缺陷的产品，在竞争日趋激烈的市场大潮中，产品质量关系着企业的存亡与兴衰。

因此，无论在什么岗位上，我们都应该对自己的工作有强烈的责任感，不放过在工作中出现的每个错误。只有这样，我们才会对自己的工作充满动力。

责任感让我们展现出无限魅力

干一行，爱一行。工作中要有责任感，只有这样，才能在工作中脱颖而出，展现出无限魅力。每个职工都要尽自己最大的努力投入工作，为企业创造最大的效益，这在每个公司都是一样的。它不仅应该成为一种行为准则，更应该成为每个员工必备的职业道德。只要拥有责任感，色彩和光芒才会普照生命的每一个角落。也许，目前我们依旧处于困苦的环境之中，然而不要怨天尤人，只要我们忠诚敬业，努力工作，窘境很快就能摆脱，并在物质上得到满足。通往成功的唯一途径是艰苦奋斗，这是被古今中外无数的成功者所证明了的。

缺乏责任感会导致许多不良的后果。建筑工人如果技艺不精在拼凑一些粗制滥造的房屋之后，那么还没找到买主，有的房子就已经被暴风雨给摧毁了；医科学生如果不精通学业，不想花时间认真学习专业知识，那么在为患者动手术时惊慌失措，使患者承受了巨大的痛苦；律师如果平日里不仔细钻研各种法规，那么办起案来就会拖沓糊涂，给当事人造成不可估量的损失……你若要比别人做得更出色，就要精通所从事行业的方方面面。"业精于勤，荒于

嬉"，这是千古不变的道理。如果你能够把工作中的每一个细节都了解清楚，恪尽职守，并把它做到最好，那么，这不仅能为你赢得好的名誉，还可以为以后的事业播下希望的种子。

很多人都以为自己已经做得足够好了。是这样吗？你真的已经把事情做到尽善尽美了吗？你真的已经发挥了自己最大的潜能了吗？实际上，人们往往拥有自己都难以估量的巨大潜能。如果每个人做每一件事都抱着追求完美的精神，那么他的潜能就能够最大限度地发挥出来。

曾经有一位推销员从书上看到了这样一句话：每个人都拥有超出自己想象10倍以上的力量。在这句话的激励之下，他决定在自己的销售过程中检验这句话。于是，他反省自己的工作方式和态度，发现自己总是将许多可以和顾客成交的机会错过。这些情况往往是在自己准备不充分、心不在焉或者信心不足时造成的。于是他制订了严格的行动计划，并付诸实践到每一天的工作当中。比如，按计划走访大客户、增加每天访问的次数、争取更多的订单等。几个月后，他的业绩已经增加了两倍。一年后，他就验证了"每个人都拥有超出自己想象10倍以上的力量"这句话。数年以后，他拥有了自己的公司，在更大的舞台上检验着这句话。

"一分耕耘，一分收获。"但事实上常常是：一分耕耘，零分收获；五分耕耘，零分收获；九分耕耘，零分收获；只有十分耕耘，才有十分收获。收获往往不会那么轻易地获得。一分耕耘之后，人们常常看不到什么收获。当然，在他耕耘之后，就会有所积累，但不会迅速地转变为收获，有些人由此放弃了追求。九分耕耘之后，还看不见收获，又放弃了追求。

但这个时候，他已经有了九分积累，就在离收获不远的地方，他放弃了。成功与失败就差这么一点点。我们不仅要发挥才能，还要追求完美——制订高于他人的标准，并且实现它。

责任感是最基本的职业精神和商业精神，它可以让一个人在众多的员工中脱颖而出。一个人的成功，与一个企业和公司的成功一样，都来自他们追求卓越的精神和不断超越自身的努力。造就优秀企业和员工的最根本的准则到底是什么呢？是什么决定着企业的发展，又是什么使优秀的企业拥有优秀的员工？答案很简单，就是责任感。

一个漆黑、凉爽的夜晚，地点是墨西哥城，坦桑尼亚的马拉松选手艾克瓦里吃力地跑进了体育场，他是最后一名抵达终点的选手。这场比赛的优胜者早就领了奖杯，庆祝胜利的活动也早就已经结束，艾克瓦里一个人孤零零地抵达体育场时，整个体育场已经没几个人了。艾克瓦里的双腿沾满血污、绑着绷带，他努力地跑完体育场一圈，跑到了终点。在体育场的一个角落，享誉国际的纪录片制作人格林斯潘远远看着这一切。在好奇心的驱使下，格林斯潘走了过来，问艾克瓦里，为什么要这么吃力地跑到终点。

这位来自坦桑尼亚的年轻人轻声地回答说："我的国家从两万多公里之外送我来这里，不是叫我在这场比赛中起跑的，而是派我来完成这场比赛的。"

没有任何借口，没有任何抱怨，职责就是他一切行动的准则。

这名坦桑尼亚的年轻人的精神值得敬佩，也值得许多员工学习。有些没有责任感的员工在事情出现问题时，首先考虑的不是自身的原因，而是把问题归罪于外界或者他人。

企业就像是一个城堡，员工的责任感就是这个城堡的防火墙，许多城堡轰然崩塌不是因为敌人的进攻，而是防火墙没有有效建立起来。我认为所谓责任感是指一个人对自己、对家人、对企业乃至对社会应尽的责任和义务的认知态度。它是每个人都应该具有的一种基本素质，更是做好一件事情所必需的条件。因此，要想把工作做好，提高责任感是至关重要的。责任感是做好本职工作的前提。有句话说得好，"在本位，尽本分"，这应该是每个人对自己工作最基本的要求。

责任感告诉我们应该怎样做人，做一个怎样的人。这是每一个人都不可缺少的，只要我们拥有了责任感，就会发现，在拥有责任感的同时，我们也拥有和收获了快乐和乐趣，这让我们做得更优秀，让我们做得更出色。

一般来讲，事业需要责任感，因为有了责任感，我们才会去想方设法干好自己的本职工作；家庭需要责任感，因为有了责任感，我们才会对家庭负责；社会需要责任感，因为有了责任感，社会才会更加繁荣、和谐和稳定。试想一下，一个对工作没有一点责任感的人，除了他自己眼前的利益，他还有什么？一个没有责任感的人，如何叫人瞧得起？三天打鱼，两天晒网，无所事事，只会虚度光阴。

有些员工是国事、家事、天下事，事事关心，就是不关心本职工作的事。事前不认真筹划准备，事中不用心关注，事后有错就推卸责任，甚至总有很多"道理"，事情没做好总能找到客观原因。碰到事情互相推托、遇到责任互相推诿、遇到荣誉争相邀功的现象屡见不鲜。有些企业发展到部门之间相互推诿，人人逃避风险，没有人对结果和业绩负责。

华尔街某财团的总裁曾经在接受《纽约时报》记者采访时讲过这样一则故事。

在一次海难事件中，幸存的八个人挤在同一只救生艇上，六名是这艘船的水手，一名是船长，一名是搭载顺风船的年轻人。他们在海上漂到第四天的时候，所有的食物都吃完了，仅剩下半瓶矿泉水。每个人都死死地盯着那小半瓶矿泉水，都想立即把它喝下去。为了能够保证大家都存活下来，船长不得不拿着一杆长枪看护着这半瓶矿泉水。

坐在船长对面的那个搭载顺风船的年轻人死死盯着那半瓶矿泉水，随时准备扑上去喝掉那仅剩的救命水。

就在船长打盹的一瞬间，这个年轻人猛然扑上去，夺过矿泉水就要喝。被惊醒的船长拿起长枪，用枪管抵着年轻人的脑门命令道："放下，否则我开枪了！"年轻人只好把水放下。船长把枪管搭在矿泉水的瓶盖上，盯着坐在对面的年轻人，而年轻人仍然目不转睛地盯着那决定众人命运的半瓶水。

双方就这样对峙着。后来，船长实在顶不住，快要昏过去了。就在他要昏过去的一瞬间，他把枪扔到了年轻人的手里，并且说了一句："你好好看着吧！"

枪一到年轻人手里，他先是一愣，接下来就明白是怎么回

事了。接下来的两天里，他尽心尽力地守护着那剩下的半瓶水，每隔一段时间，他都会往每人嘴里滴几滴水。到第六天他们获救时，那瓶救命的水居然还剩下一点点。他们八人把这剩下的一点儿水命名为"圣水"。

通过这次事件后，这位年轻人的生活发生了很大变化。他在自己的工作中总是坚持执行到最后，多年之后，曾经拼命去抢那半瓶矿泉水的年轻人已经成为华尔街某财团的总裁了。

正是在船长快要晕过去的那一刻，年轻人明白了责任的意义：如果自己把那半瓶矿泉水喝掉，那么其他七个人可能会立刻死去，自己也不见得会有什么好结果。七个人的性命一下子就握在了他的手中，责任感促使他不但没有喝掉那半瓶矿泉水，反而承担起了保护这仅有的半瓶矿泉水的责任。

也正是因为有了这份责任感，让本来平淡无奇的年轻人从平凡的岗位中认识到了自身的重要性以及自己岗位的重要性。在后来的人生路上，他全力以赴地去完成自己该做的每一件事，就是凭着这样的责任感、这样的一种习惯，最后他才赢得了成功。

责任感可以说是能力的核心与统率，责任感越强，提升的空间就会越大。有了责任感，我们的能力才会有用武之地；有了责任感，我们才会有正确的努力方向。因此，无论在什么岗位，都要牢记自己的责任，认识自己所处位置的重要性。只有这样，我们才能够在责任感的引导和驱使下，将自己的能力发挥到极致。我们所在的企业会因为这份责任感，变得更加辉煌和强大，而我们的人生也会因此展现出无限魅力。

责任感，让成功与我们近在咫尺

责任感是一种美德、一种境界、一种前进的动力，是一条通往成功的彩虹桥。可以说，一个拥有强烈责任感的人定能攀上成功的巅峰。

在微软，"我们需要睿智创新、积极进取的员工，他们需要具有下列价值观念：诚实、正直，对顾客、同伴以及技术充满热情。能对他人彬彬有礼，并以他人的幸福作为自己的快乐。以积极的心态面对困难，勇于战胜失败和挫折，具有自我批判精神，不断提高自身素质，对顾客、股东、同伴及老板承担起自己的责任和义务。富有创新精神，具有很强责任感的领导者，增强决策的创新性，努力使客户和同伴受益。总之，就是要时刻保证自己的责任感，用责任保证质量。"

责任感与工作绩效之间的关系是成正比的。当一方面提高时，另一方面也随之提高；反之，当一方面下降时，另一方面也随之下降。当我们在工作中凡事都能尽职尽责，追求完美时，我们就将会与"胜任""优秀""成功"同行。

责任感就是工作能力。有强烈的责任感，履行职责就会不讲价钱，就有完成工作任务的信心，就会坚定决心并采取措施，按时、

按质、按量地完成工作任务。责任感是我们应该具备的最基本而又最重要的素质。如今，有些人不把责任二字放在心上，工作上避重就轻，逃避责任，经常想的是如何开脱责任；工作责任感缺乏还表现在工作上粗心大意，漫不经心，"差不多就行了"是其典型的思想表现；工作不深入研究，不认真思考，不细心核实，不专心致志，不花时间和精力做研究工作，也是工作责任感缺乏的表现。这些都可能导致经常出现工作上的失误，造成各种严重后果。

对于任何事情，任何人都不可能做到非常完美，仅能是相对完美。但是，要想做到这一点，也并非是每一个人都能够做到的，因为责任感很重要。有了责任感才能更好、更努力地去完成工作，让自己的工作更加完美。

日本率先提出了"零缺陷"的概念，兴起了质量管理运动。努力的目标应该是第一次就把事情完全做好，达到完美无瑕。公司中每个人的岗位都是至关重要的，任何一个地方出了疏漏，都可能导致整个企业的"沉船"，因此，我们应当认真负责地做好自己的工作，杜绝任何微小错误的发生。

第二次世界大战中期，美国空军与一家降落伞制造商之间发生了分歧，因为降落伞的安全性能达不到要求。而事实上，通过制造商的不懈努力，降落伞的合格率已经提高到了99.9%。但军方要求达到100%，因为如果只达到99.9%，就意味着每1000个跳伞士兵中，就会有一个因为降落伞的质量问题而送命。

但是，制造商却不以为然，他们认为合格率99.9%已经够好了，世界上没有绝对的完美，也根本不可能达到100%的合格率。

军方在交涉不成功时，改变了对质量的检查办法，他们从厂商前一周交货的降落伞中随机挑出一个，让厂商负责人装备上身后，亲自从飞机上往下跳。这时，生产厂商才意识到100%合格率的重要性。奇迹很快就出现了，降落伞的合格率一下子就达到了100%。

对于任何一件事情，无论它有多么艰难，只要我们认真、全力以赴去做，就一定能够做到。我国神舟飞船试验的圆满成功就很好地说明了这一点。

我国于1956年10月8日建成第一个火箭、导弹研究机构。当时，周总理对我国的航天工作者提出了"严肃认真，周到细致，稳妥可靠，万无一失"的工作要求。神舟飞船是一个系统工程，需要我国无数科研工作者的综合努力。载人航天工程办公室统计出的一系列数据，能很好地说明问题。

直接参与载人航天工程研制工作的研究所、基地、研究院一级的单位就有110多个，配合参与这项工程的单位则有3000多个；涉及的科研工作者有10多万人；运载火箭有20多万个零部件；火箭和飞船等上天产品有10多万个元器件；飞船系统有70多万条软件语句……

从"神舟一号"到"神舟九号"，在我国载人航天工程所创造的奇迹般的辉煌中，凝聚着亿万人的汗水和心血，这正是我国科研人员责任感、凝聚力、合作精神、创新精神的总体展示。在从研制到发射的整个过程中，我们的科学家就已经把上千万种失

败的可能排除在外，这就要求必须以强烈的责任感，把握好每一个细节。

载人飞船，除了对各种系统、零部件有着极高的要求外，对航天员的要求也同样严格。他们不仅要有过硬的身体素质、心理素质和精神状态，还必须有细致负责的工作作风。

神舟飞船从发射升空进入轨道、变轨控制、轨道维持到返回调姿、轨返分离、打开降落伞、安全着陆，飞行程序指令就有上千条之多，而且需要航天员直接操控的就有100多项。从脱穿航天服、进行科研试验到操控各类设备仪器、启用生活料理产品，各种操作动作累计上万项，记述这些动作的飞行手册累计达40余万字。在此过程中不能有丝毫差错。没有真正细致负责的精神，是无论如何也不能做到位的。在"神九"飞天的整个过程中，我国优秀的航天员景海鹏、刘旺和刘洋配合得十分默契，充分体现了认真细致的工作精神。这种认真负责、确保工作万无一失的精神，在我们的工作中也是十分可贵的。

在工作中，我们要想提升执行力，一方面就是要通过加强学习和实践锻炼来增强自身素质，另一方面就是要努力增强责任感，后者更为关键！只有我们每个人的执行力提高了，才能使整体的执行力得到提升。这才是提高企业执行力的关键！

执行力是决定企业成败的一个重要因素，也是21世纪形成企业竞争力的重要一环。在激烈的市场竞争中，一个企业的执行力如何，将直接决定着企业的兴衰。而责任感是人的一种潜在动力，在高效执行中扮演着重要角色。

比尔·盖茨曾经这样说过："人可以不伟大，但不可以没有责任感。"说这句话，是建立在他对执行力重要性认知的基础上。一个人只有具有高度的责任感，才能在执行中勇于负责，在每一个环节中力求完美，保质保量地完成计划或任务。微软非常重视对员工责任感的培养，责任感也成为微软招聘员工的重要标准。也正是这种做法，成就了微软一流的执行力，打造出了声名显赫的微软商业帝国。

从一个任务下达到将这项任务执行到位需要很多条件——技能、细心、财力等。虽然上面的条件都是必不可少的，但是人们在谈论中往往忽视了最重要的一点——责任感。责任感是先决条件，它排在所有上述条件之首。

当今企业运作，动辄投入资金上百万元，这就要求凡事都要万无一失。而责任感在这个时候显得格外重要。

有责任感才能保证一切

责任感是做好一切工作的保证。任何一名员工，只要愿意为企业的利益着想，对自己的所作所为负起责任，并且持续不断地寻找解决问题的方法，就会有一种强大的推动力，让其真正成为所在企业的主人。

无论我们做任何事情，都需要有一定的责任感，这样，在做

事情的时候才会全力以赴，出色地完成工作任务。有责任感不仅能弥补自己能力方面的不足，还可以逐步提高自身的能力。一个没有责任感的人，哪怕有再强的能力也很难把事情做得很好。当然，仅靠有责任感也是不行的，但是没有责任感的人，就不能算是真正有能力的人！责任感是对自己所负使命的忠诚和信守，责任感是对自己工作出色完成的保证，责任感是忘我的坚守，责任感是人性的价值；责任感是一种使命感。

当然，在履行责任的时候也需要具备履行责任的能力。一个优秀的人才应该全面提高自己的素质和能力，让自己成为一个擅长履行责任的人。一个有责任感的人才能给别人更多的信任感，才会吸引更多的人与自己合作。责任感保证了服务，保证了敬业，保证了创造……总而言之，责任感保证了一切。正是这一切，才保证了企业的竞争力，也真正代表了每一位员工对企业的忠诚度。

通常来讲，最优秀的人才总是希望进入最优秀的企业。而每一个优秀的企业，都在解释、创造、奉行和实践着自己的企业文化、职业精神和价值观念。

有一位海尔的员工这样说过："我会随时把我听到的和看到的关于海尔的意见记下来，哪怕是在朋友的聚会中，或是走在街上听到陌生人讲话。作为一名员工，我有责任让我们的产品更好，我有责任让我们的企业更成熟、更完善。"如果每个员工，都兼有高度的责任感和优秀的个人能力，那么他就会乐观地去迎接挑战，乐意担负起公司给予的重任。

在完善和提升个人素质的同时，每个人都应当记住："责任感保证一切！"职场上的每一位员工都应该铭记自己的责任。当然，对履行职责的最大回报就是，这位员工将被赋予更大的责任和使命。因为，只有这样的员工才真正值得信任，才能真正担当起企业赋予他的责任。

针对企业和公司对其企业文化、职业精神与价值观念的建设和实践的需求，通过提炼和归纳，得出这样一条最基本的准则：每一个员工都不能推卸责任，推卸责任意味着失去了实现自我价值的机会。责任感保证着个人生存的价值、生活的意义，完美的人生离不开责任感，因为责任感保证了一切。

责任感是指对事情敢于负责、主动负责的态度，是对自己所负使命所具备的忠诚和信念。因此，责任感是我们应该具备的最基本而又最重要的素质。一个缺乏责任感的员工是没有价值的员工、一个缺乏责任感的企业是注定要失败的企业。

责任感来自内心，它表现出来的是自觉自悟。责任感是一种角色意识、岗位意识；是一种精神状态，表现为与世界观、人生观、价值观紧密相连的敢于负责、勇于承担的精神；是一种品行和情怀，与忠诚不分家；是一种境界和觉悟，体现自我约束和个人修养。

责任感是指个人对自己、对他人、对家庭、对企业、对社会、对国家所负责任的认识、情感和信念，以及与之相应的遵守规范、承担责任和履行义务的自觉态度。

在职场上，责任感就是工作使命感。选择一家公司上班，这是我们的主动选择，而不是公司强迫我们来上班。既然我们做了选择，就应该为自己的选择负责。我们选择了这份职业，就必须接受它。它不仅仅是为我们提供薪水，给我们带来成就感，同时也会给

我们带来辛苦、压力、挫折、屈辱甚至辱骂等。无论好和坏都是工作的一部分。

员工的责任感，是做人的最基本准则之一，是一个人政治觉悟、主人翁意识的判断标准之一，是一个人价值观的直接反映。在我们的实际工作中，责任感主要体现在三个方面：首先，表现为对本职岗位、本职工作的负责精神，而不是只要职位不要职责，只要权力不要责任；其次，表现为干好本职工作的"质量"意识，就是具有精益求精，在本职工作岗位上出政绩、出成绩、出精品的意识，高标准、高质量地干好本职工作；最后，表现为多做工作的"效率"意识，就是具有"一万年太久，只争朝夕"的精神。

在社会主义市场经济体制下的今天，人们似乎对"责任"二字已经淡漠和遗忘，尤其是出现了对责任的错误理解。经常听见人们这么说，只要我的劳动对得起自己就行，其他事情我不愿多管。这是一种不负责的说法，试问，这样的员工企业敢要吗？他能给企业带来什么？他对公司能有什么贡献？什么都不能，没有责任感，一切都将不会有保证。

责任感是一种精神，是一种吃得起苦，受得起累，脚踏实地，勤奋苦干地抓好每一件小事，在细节中体现责任，在奉献中体现责任的精神。一个有责任感的人，一定是一个积极向上的人，他懂得珍惜，知道感恩。我们把平凡的工作做好，就是不平凡。我们走不了大路，何不走一条羊肠小道；不能成为太阳，又何妨当一颗星星；成就不在于大小，只在于你是否已经竭尽所能。

责任感是人这一生中必不可少的东西，如果没有责任感，我们将变成一个被别人厌恶的人，如果没有责任感，我们将会一事无成。如果没有责任感，我们将失去别人对我们的信心。

责任感应该体现到每个干部、每个职工的工作中。不可否认，在平时的工作中，由于工作责任感的欠缺，而出现小失误或者重大失误时，我们也常常听到"这不是我的错""我不是故意的"之类的话，我们甚至会看到一些人为了推卸责任而抵赖、狡辩，或者为了推卸责任而指责别人。其实只要自己挖出思想根源，端正态度，勇于承担责任，加强责任感，用一丝不苟的态度对待工作，就会少犯错误多出成绩。

责任感就是工作动力。有责任感就会有战胜困难履行职责的强烈的使命感，就会有生命不息战斗不止的强大动力，就会不断进取，就会有勤奋工作的热情，就能够做到"鞠躬尽瘁，死而后已"。在我们现实工作中，正是因为有了"责任重于一切"这个信念，办公楼才会在深夜亮起加班工作的灯光；正是因为有了"责任重于一切"这个信念，才会有工程技术人员在节假日牺牲休息时间，以他们敬业的精神和认真负责的工作态度，仔细检查机房设备，检查每一根连接线，每一台服务器，每一个防火墙，及时修复漏洞，重新上传数据，保证网络畅通，他们以火一般的热情在本职岗位上兢兢业业，舍小家顾大家。

有责任感才能获得信任

什么是责任感？责任感是一个人、一个组织、一个国家乃至整个人类文明发展的基石。世上没有做不好的工作，只有不负责任的人。如果一个人没有责任感，那么即使他有再大的能力也是空谈；而当一个人有了责任感，他就有了激情、有了忠诚、有了奉献。他的生命就会闪光，就能在工作中激发自己最大的潜能。

有责任感是对自己负责。一个人如果懂得尊重自己的感情，尊重自己的理想，珍惜自己的宝贵年华和生活的活力，从自己的理想出发来安排现实生活，那么就是对自己负责。反之，如果一个人什么也没有做好，没有得到大家对他的认可，那么就是对自己不负责。最终，影响最大的还是我们自己，绝对不会是别人。

责任感是职业生涯的基石。成就事业所需的勇气、智慧、力量都出自一个人的责任感。有了责任感，再危险的工作也能减少风险；没有责任感，再安全的岗位也会出现险情。责任感强，再大的困难也可以克服；责任感差，很小的问题也可能酿成大祸。

一位名叫吉埃丝的美国记者，有一次来到日本东京，在小田急百货公司买了一台唱机，准备送给住在东京的婆婆作为见面礼。售货员特地挑了一台尚未启封的机子给她。然而回到住处，吉埃丝拆开包装试用时却发现机子没装内件，根本无法使用。她火冒三丈，决定第二天一早去百货公司交涉，并迅速写了一篇新闻稿《笑脸背后的真面目》。第二天一早，一辆汽车赶到她的住处，从车上下来的是小田急百货公司的总经理和拎着大皮箱的职员。他俩一走进客厅就连连道歉。吉埃丝搞不清楚百货公司是如何找到她的。那位职员打开记事簿，讲述了大致经过。原来，昨日下午清点商品时，发现将一个空心的货样卖给了一位顾客，此事非同小可，总经理马上召集有关人员商议。当时只有两条线索可循，即顾客的名字和她留下的一张美国快递公司的名片。据此，百货公司展开了一场无异于大海捞针的行动。打了52次紧急电话，向东京的各大宾馆查询，没有结果。于是，打电话到美国快递公司的总部，深夜接到回电，得知顾客父母在美国的电话号码，接着，打电话到美国，得到顾客婆婆家的电话号码，终于找到了顾客的落脚地。这期间共打了55个紧急电话。职员说完，总经理将一台完好的唱机外加唱片一张、蛋糕一盒奉上，并再次表示歉意后离去。吉埃丝的感激之情可想而知，于是，她立即改写了新闻稿，题目就是《55个紧急电话》。

从此事中我们可以看出：如果没有高度的责任感，就不会有这样大海捞针的行动；如果不是出于强烈的责任感，就不会有及时改正错误的机会。今天的市场竞争，从某种意义上讲，就是责任感的竞争。

人在不同的场合、不同的单位扮演着不同的角色，肩负着不同的责任。我们要将这种责任植根于内心，让它成为我们脑海中一种

强烈的意识。无论是在日常行为中，还是在工作当中，无论是作为普通员工，还是处于领导地位，这种责任意识都会最大限度地激发我们的积极性和潜能，从而使我们更具创造性和活力，以保证公司和个人实现双赢。如果一个人没有了责任感，不能时刻保持高度的责任意识，则将会给公司和个人带来难以预料的损失。

有这样一个案例。每到节假日，一位采购人员都会收到与其有业务往来，合作非常愉快的一家公司的贺信，而且每张贺信上都附有该公司的总裁签名。有一次，他遇到产品上的一个技术性的问题，打电话向那家公司的技术人员咨询，结果电话转来转去，最后总算转到一位技术人员那里，但这位技术人员既不热情，也无耐心，让他上公司的网站去查看。就这样，他的问题仍然未得到解答，技术人员就匆匆挂断了电话。

这人极其愤怒，打电话请求前台小姐帮他把电话转给那位在贺信上签名的公司总裁。前台小姐却说老总很忙，无法接听电话，此时，他已由愤怒、懊恼到对该公司十分失望了。没过多久，这位采购人员便将全部业务转给那家公司的竞争对手。

虽然那家公司以往都做得很好，关怀客户方面似乎也非常认真负责，但却由于没有时刻保持高度的责任意识，结果，服务上的这一纰漏，就断送了自己的生意。

所以，在以后的工作中，我们要提倡一种观念：即公司兴亡，我们有责任。只有让组织里的每一个人都时刻保持一种高度的责任感，个人和组织才会变得更具创造力和活力，也才会变得更加强大。

　　缺乏责任感的员工，不会视企业的利益为自己的利益，也就不会因为自己的所作所为影响到企业的利益而感到不安，更不会处处为企业着想。他们总是推卸责任，这样的人在决策者眼里是一个不可靠的、不可以委以重任的人。只有那些能够勇于承担责任、具有很强责任感的人，才有可能被赋予更多的使命，才有资格获得更大的荣誉。

　　责任感是一种态度，是"道德评价最基本的价值尺度"。一个人未必什么都会做，但是，当他做任何事情都很认真、很负责的时候，他就有可能凭借这种态度战胜困难，发挥自己的最大潜能。因此，责任感是一个人做人的基础。一个没有责任感的人，往往对自己的行为不负责，有的甚至不顾最基本的准则，损害他人和社会的利益。

　　责任感能给予人执着的精神、聪明的智慧与快乐的心情。一位哲人曾说："强烈的责任感能战胜一切。"因此我们可以说，一个人只要坚守责任就能达到目的。责任的价值正在于它能激发出生命的力量。人不能失去责任感，否则生活的重担就无法挑起，前进的路上就寸步难行，心中的希望就会暗淡无光。有责任感的人，生命是奔跑的、燃烧的、永远腾跃的、永远年轻的。有责任感的人，会深深懂得这样一个道理：他的生命不仅仅属于自己，也属于他人乃至社会。因此，他懂得知识的价值，会以百倍的努力去学习、去追求，用人类创造的多种知识充实和完善自己，最终使自己成为一个对社会和他人有用的人。在履行责任的同时，我们会充分感受到人与人之间密切的关系，从中发现自我存在的价值。这既是一种责任、一种义务，也是一种付出、一种快乐。

责任感的鞭策，能创造出奇迹

人一旦受到责任感的鞭策就能创造出奇迹。一个有责任感的员工，不仅仅能认真完成自己分内的工作，而且还会时时刻刻为企业着想。这样的人，任何一个公司都需要，都会得到公司的信任和尊重。事实上，只有那些能够勇于承担责任并具有很强责任感的人，才有可能被赋予更多的使命，才有资格获得更多的机遇和更高的荣誉。

几年前，美国著名心理学博士艾尔森对世界100名各个领域中杰出人士做了问卷调查，结果让他十分惊讶——其中61名杰出人士承认，他们所从事的职业，并不是他们内心最喜欢做的，至少不是他们心目中最理想的。

这些杰出人士竟然在自己并非最喜欢的领域里取得了那样辉煌的业绩，除了聪颖和勤奋之外，究竟靠的是什么呢？

带着这样的疑问，艾尔森博士又走访了多位商界英才。其中纽约证券公司的金领丽人苏珊的经历，为他寻找满意的答案提供了有益的启示。

苏珊出生于一个音乐世家，她从小就受到了很好的音乐启蒙教育，非常喜欢音乐，期望自己的一生能够驰骋在音乐的广阔天地，但她却阴差阳错地考进了大学的工商管理系。一向认真的她，尽管不喜欢这一专业，可还是学得格外刻苦，各科成绩均是优异。毕业时被保送到美国麻省理工学院，攻读当时许多学生可望而不可即的MBA（企业管理硕士）。后来，她又以优异的成绩拿到了经济管理专业的博士学位。如今，她已是美国证券业界的风云人物。在被访问时依然心存遗憾地说："老实说，至今为止，我仍不喜欢自己所从事的工作。如果能够让我重新选择，我会毫不犹豫地选择音乐。但我知道那只能是一个美好的'假如'了，我现在只能把手头的工作做好……"

艾尔森博士直截了当地问她："既然不喜欢你的专业，为何你学得那么棒？既然不喜欢眼下的工作，为何你又做得那么优秀？"

苏珊的眼里闪着自信，十分明确地回答："因为我在那个位置上，那里有我应尽的职责，我必须认真对待。""不管喜欢不喜欢，那都是我自己必须面对的，都没有理由草草应付，都必须尽心尽力，尽职尽责，那不仅是对工作负责，也是对自己负责。有责任感才可以创造奇迹。"

艾尔森在以后的继续走访中得知，许多的成功人士之所以能出类拔萃，与苏珊的思考大致相同——因为种种原因，我们常常被安排到自己并不十分喜欢的领域，从事了并不十分理想的工作，一时又无法更改。这时，任何的抱怨、消极、懈怠，都是不足取的。只有把那份工作当作一种不可推卸的责任担在肩头，全身心地投入其中，才是正确与明智的选择。正是在这种"在其位，谋其政，尽其责，成其事"的高度责任感的驱使下，他们才赢得了令人瞩目的成功。

从艾尔森博士的调查结论，使人想到了我国的著名词作家乔羽。他曾在中央电视台《艺术人生》节目里坦言，自己年轻时最喜欢做的工作不是文学，也不是写歌词，而是研究哲学或经济学。他甚至开玩笑地说，自己很可能成为科学院的一名院士。但他在并非最喜欢和最理想的工作岗位上就就业业，创作出大量人们喜爱的优秀作品。

"做自己想做的事"，这句话已经是耳熟能详的名言。但是，"责任感可以创造奇迹"，却容易被人忽视。对许多杰出人士的调查说明，只要有高度的责任感，即使在自己并非最喜欢和最理想的工作岗位上，也可以创造出非凡的成绩。

在每个人的身上，都隐藏着一种惊人的潜能。在工作中，所有的人都应当积极主动认真负责地做事。唯有如此，才能不断地将自身的潜力一点点地发掘出来，进而一步步地实现自己的职业理想和人生目标。

《绿野仙踪》讲述了这样一个故事。桃乐丝、狮子、机器人以及稻草人一起去翡翠城里，寻找一位名叫奥芝的大法师。因为他们希望能够从法师那儿得到解决困难与实现梦想所需要的勇气、决心和智慧。但是到最后，法师只告诉他们一个很简单的法则："实际上，达成所追求目标的力量，就在你们自己身上。"任何一个人都能够利用自己的力量，去解决困难，法师是不能帮上任何忙的。这就是能够为自己开启新生命的、神奇的奥芝法则。

事实上，要想解决问题，并着手完成、达成自己的目的，都需要方法、决心、勇气、智慧以及技巧。而这些能力都潜藏在我们自己身上，需要我们通过不懈的努力，将潜藏于自身的能力充分地挖掘出来。

在如今这样一个人才市场环境中，若你只愿担当一个"安全专家"，不能鼓足勇气挑战自己的极限，那么在和"职场勇士"的竞争中，就永远不要奢望能够获得老板的青睐。当你极其羡慕地看着那些有着优秀表现的同事，羡慕他们深得老板赏识并被重用的时候，你必须想清楚，他们的成功绝非偶然。

假如，现在有一件大多数人都觉得"不可能完成"的艰难任务，摆在了我们的面前，我们一定要勇敢地接受它。不要抱着"唯恐避之不及"的态度，更不要浪费太多的时间去假想最糟糕的结局。一直重复"根本不能完成"的念头，这就等于是在预演失败。这就好比一个高尔夫球员，一直不断地叮嘱自己"千万不要将球击进水里"时，他脑海中就会出现球掉入水里的情形。试想一下，在这样的心理状态下，击出的球将会飞向何处呢？

在工作中，我们要让自己身边的人与老板都知道，自己是一个意志坚定、富有挑战力、行事迅速利落的好员工。如此一来，我们就不用再担心得不到老板的认同了，因为我们有能力，更重要的是我们有极强的责任感。

同时，要注意的一点是，如果我们想从根本上克服这种无知的障碍，走出"不可能"这一否定自我的阴影，踏入出色员工的行列中，我们就一定要有足够的信心。相信自己，用信心支撑自己完成这个在他人看来无法完成的工作。

但是，在充满自信的同时，我们一定要弄清楚，它为何会被称作"不可能完成的工作"。针对工作中的各种"不可能"，看看自

已是不是具有一定的能力去挑战这些难题，如若没有，就先做好充分的准备，等"有了金刚钻，再揽这瓷器活儿"。自己心里一定要明白，挑战"不可能完成"的工作只会有两种结果，成功或失败。而我们的挑战力常常会让两者只有一线之差，所以必须要谨慎行事才行。

不过，就算我们对自己的能力判断有误，挑战失败的话，也不要沮丧失望。聪明、成熟的老板肯定不会只以结果论我们的成败。他只有对你的表现进行全面的衡量之后，才会最终决定你是否应当被委以重任。可以肯定的一点是，我们勇于接受挑战的工作态度，才是老板最为欣赏的。因为他们比所有人都清楚，任何一种挑战都不简单，否则就称不上是挑战。

因此，即使失败，我们仍旧是老板所欣赏的"职场勇士"。同时，我们的经历和收获，更是胆怯的观望者们永远都不可能得到的，因为他们根本就没有勇气去尝试。而这所有的一切，都源自你内心的责任感，也只有强烈的责任感，才能激发我们挑战极限的动力和能量。

责任感保证工作绩效，成功与我们相伴

责任感是一个国家、企业、单位和个人长期发展与强大的原动力。在企业工作的员工，都希望自己的企业能够基业长青。可是，残酷的统计数据告诉人们，只有4%左右的企业能够生存超过

10年。企业究竟靠什么生存得更长久？或许很多老板会说，靠资源。其实不然，靠的是"责任"二字。武汉市一座建于1917年的6层楼房，经历了80多年后，业主突然收到设计者——远隔万里的英国一家建筑设计事务所寄来的函件，被提醒该楼80年的设计年限已过期。此事例，使我们深深地认识到，"责任"二字对企业的长期生存是多么的重要；使我们深深地感知，只有强烈的责任感才是客户感动的根源，才是企业长存的原动力！从海尔集团总裁张瑞敏每天有"总是战战兢兢，如履薄冰"的感叹，到联想集团董事长柳传志有"三个月破产"的警告，我们深深地认识到，也正是这两位企业领导者有如此的责任感，才创造出"海尔""联想"这两个世界知名品牌。一个能够长寿的企业并不总是一帆风顺的。企业不怕遇到危机，只怕遇到缺乏责任感的管理者和员工。其实，大到一个国家、一个企业，小到个人，要想获得长期的发展与生存，都应具备强烈的责任感。

无论我们从事什么工作，都应该对自己的工作充满强烈的责任感，不得拖延懈怠、敷衍了事。强烈的责任感是敬业精神中最优秀，也是最首要的品质。责任感的强弱决定了我们对待工作的态度，而这又直接决定着我们的工作业绩，只机械地完成任务并不是责任感。一个对工作有强烈责任感的员工，不仅能高质量地完成自己分内的工作，还视企业的利益为自己的利益，处处为企业着想，时刻关注企业的发展，积极主动地做一些对企业有益的事情。

工作的目的不仅仅在于换取生活成本，更重要的是，通过工作，我们可以获得成就感、满足感，积累未来创业的经验和做人做事的道理，这都是金钱无法换取的。特别是在这个竞争激烈的

环境中，能找到一个可供我们发挥能力的舞台是多么不容易。所以，应该用一颗感恩的心去对待我们的工作，尽职尽责地完成每一项任务。

工作中充满了机会，只要我们以勇于负责的态度对待它，它就会带给我们意想不到的丰厚回报。在现实社会生活中，责任是伴随着每一个人生命始终的。在我们追求自我价值的实现、个人发展目标的实现中，只有保持强烈的责任感才是成功的保证。

任何职业都需要一种奉献和牺牲精神，更要有一种使命感和责任感。忘我，其实是工作者应该追求的一种思想境界。为了企业的强大，忘记自我，无私奉献，也是一种人生境界。

责任重于泰山，对待工作，我们每一个人，都应该讲诚信，遵守规则；都应该懂责任不是用嘴来承担，而是要用行动来承担的道理；都应该敢于承担工作中的职责，敢为人先，身体力行；都应该对工作坚持到底，不能虎头蛇尾。学会承担责任是我们每一个人人生旅途中极为重要的一堂课。对自己工作职责内的任何事情，都应该主动地去做，千万不要等待。如果对自己职责范围内的事情，还要事事由上司来安排，那是没有责任感的表现，最终将被淘汰。因此，我们应该积极面对问题并参与进去，不要发牢骚，不要抱怨，这不只是一个姿态的问题，同时也是一个职业观的问题，更是区分一个人有没有潜力的标志。作为企业的领头人，更应具有强烈的责任感，对待工作更应身体力行。如华为集团董事长汪力成所说："领导的权威当然是非常重要的，但我用权比较少，更多的是用'威'。长期身体力行，个人行为与企业行为合二为一，才能形成'威'！"

俗话说：润物细无声。需要责任感的地方，并不一定都马上涉及企业的生存，反而往往是那些看似无大碍的小节之处，而这些小节的积累，往往注定了企业的命运。

有人曾这样说过："责任感通常分两种：一种如清茶，倒一杯是一杯，永远是被动的；另一种如啤酒，刚倒半杯，便已泡沫翻腾，永远是主动的。"在我们的企业里，只做清茶是不够的，我们要做的是啤酒，要主动地用强烈的责任感去避免哪怕是很小的损失。我们每一个部门，每一个岗位都是相互关联、相辅相成的。如果团队中每个人都是极其富有责任感的，那么我们的团队也将会涌现出很多出色的人，从而每个岗位的工作必然能做到让自己满意、同事满意、领导满意、客户满意，团队的执行力、工作水平、工作质量就会不断地得到飞跃，从而使企业的核心竞争力得到强化。

某公司要裁员，名单公布了，有内勤部的小灿和小燕，规定一个月后离岗。那天，大伙看她俩都小心翼翼地，更不敢多说一句话。因为她俩的眼圈都红红的，这事摊到谁头上都难以接受。

第二天上班，小灿心里憋气，情绪仍然很激动，什么也干不下去，一会儿找同事哭诉，一会儿找主任申冤，什么订盒饭、传送文件、收发信件这些她平时应该干的活，全扔在一边，别人只好替她干。而小燕呢，她也哭了一个晚上，可是难过归难过，离走还有一个月呢，工作总不能不做，于是她默默地打开电脑，继续打文稿、通知。同事们知道她要下岗，不好意思再找她打字了。她特地和大家打招呼，主动揽活。她说："是福不是祸，是祸躲不过，反正也就这样了，不如好好干完这个月，以后想给你们干也没机会

了。"于是，同事们又像从前一样，"小燕，把这个打出来，快点儿！""小燕，快把这个传出去！"小燕总是连声答应，手指飞快地点击着，辛勤地复印着，随叫随到，坚守着她的岗位，坚守着她的职责。一个月后，小灿如期下岗，而小燕却被从裁员的名单中删除，留了下来。主任当众宣布了老总的话："小燕的岗位谁也无法代替，像小燕这样的员工公司永远也不会嫌多！"

小灿走了，小燕留下了，是强烈的工作责任感给了小燕机会。

总之，不断地强化自己的工作能力和业务水平，做一个有强烈的责任感、使命感，具有良好的职业素养、道德修养、高尚精神境界的员工，应该是我们每个工作者终身的追求。

第二章

重视责任——责任比能力更重要

责任胜于能力，责任承载能力。责任与能力只有相辅相成才能相得益彰。工作必须具备责任感，责任在先，能力在后。能力必须由责任来引导，责任必须靠能力来实施。责任对于我们来说，不仅是一种任务，更是一种使命。

选择工作就要尽职尽责

工作中的每一件事情都值得我们去做，并且将它做好。没有不值得去做的工作，只有做不好工作的人。不要轻视自己的工作，每一份工作都应该全力以赴、尽职尽责地去把它做到位。高楼大厦都是一砖一瓦垒砌而成的，所有伟大的事业都是从平凡的工作做起来的。

在职业生涯中，很多人渴望证实自己的优秀，但却总是停留在梦想阶段，而不愿意去从基础的工作做起，从而失去了很多展示自己价值的机会和走向成功的契机。其实，每一件事情都值得做好，都需要我们把它做到位。

一位年轻的修女进入修道院以后一直从事织挂毯的工作，但在做了几个星期之后，她再也不愿意干这份工作了。她感叹道："给我的指示简直不知所云，我一直在用鲜黄色的丝线编织，却突然又要我打结，然后再把线剪断。这份工作没有任何意义，简直是在浪费生命。"

身边正在织毯的老修女却对她说："孩子，你的工作并没有浪费时间，虽然你织的是很小的一部分，但却是非常重要的一部分。"

当老修女带着她走到工作室里摊开的挂毯面前时，年轻的修女呆住了。原来，她们编织的是《三王来朝图》，而黄线织出的那一部分则是圣婴头上的光环。她没想到，在她看来不值得做的工作竟是这么伟大。

其实我们每天做的工作就是伟大工程的一小部分，看似不起眼的事情却是不可缺少的，而且可能还起着关键性的作用。也许我们暂时无法领略到整体工作的美丽，但是，如果整体工作缺少了我们那一部分，可能就什么都不是了。

不管我们从事的是哪一部分，只要我们把该做的事情做到位，我们的工作就充满了意义。每一个工作过程都成就着另一个过程，只有丝丝相扣，整个工作才会和谐美好。每个人各就各位，尽职尽责并扮演好自己的角色，整个企业才能发展得更好。因为只有完整的工作才有意义，就像只有零件齐全的车才能在路上奔驰一样，我们无法想象缺只车轮的汽车能在马路上行驶。

作为一名职场人，在工作中，没有不重要的事情，任何工作都值得做好。如果每个员工都把看似微不足道的工作做好、做到位，那么整个企业就一定会有大发展。

对一个人来说，如果能将重复的、简单的日常工作做精细、做好，并恒久地坚持下去，那他就有可能获得更大的成功。

许多年前，一位妙龄少女来到日本东京帝国酒店当服务员。这是她涉世之初的第一份工作，因此她心存感激，暗下决心：一定要好好干！可是让她意想不到的是，上司竟安排她刷马桶！

说实话，没有哪个人愿意刷马桶！更何况她是一个从未干过粗重活、细皮嫩肉、喜爱洁净的女大学生。而且，上司对她的工作质量还要求很高：必须把马桶擦洗得光洁如新！

她当然明白"光洁如新"的含义是什么，她当然更知道自己难以实现"光洁如新"这一高标准的要求。因此，她陷入困惑、苦恼之中，也哭过鼻子。这时，她面临着人生第一步该怎样走下去的抉择：是继续干下去，还是另谋他处？

正在犹豫之际，公司的一位前辈出现在她面前，他并没有用空洞的理论去说教，而是亲自示范给她看。首先，他一遍遍地擦洗着马桶，直到擦洗得光洁如新。然后，他从马桶里盛了一杯水，一饮而尽！

实际行动胜过万语千言，她目瞪口呆，如梦初醒。于是，她痛下决心："就算一生刷马桶，也要做一名刷马桶最出色的人！"从此，她成为一个全新的人。当然她也多次喝过厕水，为了证实自己的工作质量，为了检验自己的自信心，也为了强化自己的职业精神。

几十年后她成为日本政府的内阁大臣之一——邮政大臣。她的名字叫野田圣子。野田圣子坚定不移的人生信念，表现为她积极的工作态度和职业精神：任何工作都值得做好，都应该把它做到位。

来自哈佛大学的一项研究发现：一个人的成功，85%取决于他的职业态度，而只有15%取决于他的智力。在工作中，当我们没有更多、更明显的优势时，那么积极的工作态度就是我们最大的资本，态度就是竞争力。

最优秀的人是想方设法完成任务的人，最优秀的人是不达目的誓不罢休的人，最优秀的人是"为了一个简单而坚定的想法，不断地重复，最终使之成为现实"的人。

成功，就是将简单的工作做好。"一旦你产生了一个简单而坚定的想法，只要你不停地重复它，最终会变成现实。"这是美国通用公司前CEO杰克·韦尔奇对如何才能成功所做出的最好的回答。

其实，无论从事什么行业，只有全心全意，尽职尽责地工作，才能在自己的领域里出类拔萃。这也是敬业精神的直接表现。

只要我们保持忠于职守、善始善终的工作态度，即使从事的是最低微的工作，也能放射出无限的光芒。

任何企业都会要求员工尽最大努力地投入工作，创造效益。其实，这不仅是一种行为准则，更是每个员工应具备的职业道德。可以说，拥有了职责和理想，我们的生命就会充满色彩和光芒。或许，我们现在仍然生活在困苦的环境里，但不要抱怨，只要全身心地工作，不久就会摆脱窘境，获得物质的满足。那些非常成功或在特定领域里相对成功的人士，无一例外地要经过艰苦的奋斗过程，这也是通往胜利的唯一途径。

业精于勤，无论从事什么行业，都应谨记这个道理。精通所在行业的方方面面，我们会比别人更出色。了解工作中的每一个细节内容，并努力将它做到最好，在我们赢得良好声誉的同时，也为将来的大展宏图播下了希望的种子。

职场中，做好自己的本职工作，对自己的工作负责，这是一个

员工的基本职业素养要求，也是一个员工的本分所在。警察的本分是保一方平安，教师的本分是教书育人，企业职工的本分则是将本职工作做好，为企业创造价值，维护企业的利益。一个连自己本职工作都做不好，不能给企业创造直接或间接效益，甚至是损害企业利益的员工，又怎能称得上优秀员工？

常听有些人说：我做好自己的事情，对得起这份工资就行了。问题是，抱着这样的心态，有几个人能真正把自己的工作做到位了？又有几个人能对得起拿的那份工资？把工作当成应付差事，这样的心态之下，要想真正做到尽职尽责，那无疑是缘木求鱼。

事实上，每个在事业上获得成功的人，首先是一个对工作尽心尽责的人。对待自己的工作，对待自己的岗位，无论大小，也不管是显赫还是普通，他们都是一丝不苟，力求完美。

如果我们把公司看作一个有机体，那么公司里的每一个岗位都是整体的构成元素，任何一个元素的运作出现问题，都会波及整个有机体！

因此，在现代企业中，老板都喜欢那些具有实干精神和勇于负责的员工。每一位老板都希望任何一个位置的效能都达到尽可能的最大化。

在其位就要谋其政，这是一个人负责任的最好表现，说明他对自己所从事的工作有信心和热情。只要认准了目标，有一份自己认同的工作，那么就要认真、勤奋地好好干。

责任伴随着一个人的事业发展全过程，害怕承担责任的人是永远不可能担当重任的。英国首相丘吉尔有句名言：伟大的代价就是责任。对于职场人而言，事业的成功也是责任。工作即责任，一份工作就必须要承担一份责任，敢于担责也是一个职场人最基本的素质要求。无论工作是什么，岗位处于怎样一种级别，既然选择了这份工作，站到了这个岗位，那就必须要有负责到底的决心与毅力，因为这种选择也就是责任的选择，不可推卸，不容逃避。放弃责任，也就等于放弃了自己工作的权利，放弃了事业发展的前景。

永远没有分外责任

每个人都有自己的工作，工作的职责也非常明确，各自负担自己工作的同时，责任也要自己负担。每个人都害怕承担不必要的责任，把自己分内的事做好就觉得是对工作负责，好像没有一个人喜欢无缘无故地承担别人的责任。

但是，员工要明确自己在企业中的角色与位置，并认识到团队整体协作的重要性，只有这样才能更好地完成本职工作。如果员工心中总想着"这和我无关""那不是我的责任"，那么，这样的员工不仅不是优秀的员工，而且还会成为被淘汰出局的人。

随着社会的发展，一个人一生可能会有很多次岗位变动。然而，无论在什么岗位上，只要在岗一天，就应当认真负责地工作一天。只有全身心地投入到工作中去，才能真正感受到工作的快乐。

每个工作岗位都有重要的责任，企业真正需要的人才是忠实于工作岗位的人。能把岗位责任一点一滴、一月一年地坚持做好、做到位的人就是最可爱的企业人。要证明自己、表现自己，首先就要在自己的岗位上比其他员工更愿意承担责任，愿意多做工作，愿意走在别人的前面，愿意面对困难，这些都是一个优秀员工应当具备的品质。

自古以来，人在社会，无论其角色地位怎样，都承担着各种不同的责任和使命。为自己、为家庭、为企业、为社会、为国家，都离不开各自应承担的角色责任。因此，责任便成为推动我们个人、团队和社会不断前进的原始动力。这就要求我们每个人都应找准各自的角色，摆正自身位置，勇于直面和担当自己的责任。

责任是分内应做的事情，是一种客观需要，也是一种主观追求。责任感无形，但责任宝贵。华丽的言辞代替不了理性的思考，诗意的浪漫无助于价值的升华，只有具有高度的责任感，才能向巅峰不断奋进。

无论上班时下班后，都没有分外的工作。当我们能用这样的态度去工作，就必定能很快地脱颖而出。

莱尔家里很穷，因此，中学毕业后他就跟随哥哥到港口码头打工。兄弟俩在码头的一个露天仓库帮别人缝补篷布。莱尔不仅工作非常积极，而且有责任感。他经常主动加班干活，却并没有要求什么回报，因为他把工作中的所有事情都看成了自己的分内事。

有一天深夜，外面刮起了狂风暴雨。莱尔马上从床上爬了起来，拿起手电筒就冲到大雨中去。哥哥怎么劝他都没劝住，只好在他背后大骂他是个傻瓜："这根本不是你要干的工作！这只是分外的工作，你去干了，老板也不会给你加工资！即使老板愿意给你钱，但你现在去干了，老板也看不见啊！"

莱尔却认为："只要力所能及，工作哪有什么分外分内的！"

在仓库里，莱尔查看了一个又一个货堆，并加固了那些被掀起来的篷布。

正在这时候，老板开车来到仓库，恰好看到了莱尔正在检查仓库，全身上下早已被雨水浇透了。当老板看到货物完好无损而莱尔却成了"水人"时，他非常感动，当场表示要给莱尔加薪。莱尔拒绝了："不用了，我只是出来看看缝补的篷布结不结实。再说了，我就住在仓库旁边，来看一看货物也只是举手之劳。"

老板看到他如此诚实和有责任感，便决定让他到自己新开的一家公司去当负责人。

那家公司刚刚开张，需要招聘新人。于是，哥哥跑来对莱尔说："你给我安排一个好差事吧。"深知哥哥性格的莱尔说："你不行。"哥哥说："看大门也不行吗？"莱尔说："不行，因为你不会把公司的事当成是自己家的事来干。"哥哥说："这又不是你自己的公司，你这么较真、这么无情干吗？真没良心！"莱尔却认真地说道："只有把老板的公司当成是自己的公司，才能把事情干好，才算是真正有良心。只有无论是上班下班，都把公司的工作当成是自己分内工作的人，我才会招聘进来。"

无论上班时下班后，都没有分外的工作。正是保持着这样的工作态度，在三年之后，莱尔成了一家大型企业的总裁。而他的哥哥呢，还在码头替人缝补篷布。

当我们成为一家企业的一分子时，就永远没有分外的工作。因为公司就是我们的家。只有我们拥有了一种把自己当作公司主人的心态，我们才会备受重用。事实上，我们不是在为别人工作，而是在为自己工作。当我们无论是上班时还是下班后，都把公司的事当成自己的事，我们才会越来越出色，越来越受到企业的关注、重视和重用。

那责任到底是什么呢？责任是一个人分内应该做的事情，是做好应该做好的工作，是承担应该承担的任务，是完成应该完成的使命。而责任感就是一种精神，是一种品质，是一种爱；正像文学家歌德所说："责任感，就是对自己要去做的事情的一种爱。"

职场中没有"分外"的工作，要想登上成功之梯，你就必须永远保持主动率先的精神，这种额外的工作可以使你对本行业拥有一种宽广的眼界，与此同时获得更多的机会。要知道，超过别人所期望我们做的，会使自己更容易如愿以偿。

所有事业成功的人和工作平庸的人之间最本质的差别在于，成功者将工作当作一种储备，多多益善。而工作平庸的人则死守职责，对职责外的工作置若罔闻。美国船王罗伯特·达拉有一位得力助手是位女士，最早她只是一名速记员。

中国有位著名的企业家也说过："除非你愿意在工作中超过一般人的平均水平，否则你便不具备在高层工作的能力。"社会在进步，公司在扩展，个人的职责范围也会跟着扩大。不要总拿"这不是我职责内的工作"为由来推脱责任，当额外的工作分摊到你头上时，这也可能是一种机遇。

在当今的商业社会，传统的对待职业的态度，已经越来越不适应了。只做到恪守职责已远远不够。那些事事待命而行、满足于完成交付给自己的任务的员工，将会在工作竞争中越来越力不从心。

无论我们的想法是什么，目标有多么远大，要实现它，我们必须干得比其他人更多。不要像机器一样只做分配给自己的工作。一些看起来似乎是很平凡的事，我们默默地多做一些，多承担些责任，多为公司和老板分担一些，公司和老板自然会给我们更多的发展机会。

关于分内工作与分外工作，一种形象的分法，即认为上班干活是分内工作，下班以后的事情是分外工作，上班时的分内工作应该干好，下班后的分外工作可干可不干，如果要干，便是可以干好，也可以马马虎虎敷衍过去。

其实，作为一名卓越员工，只要与工作相关，只要事关公司利益，无论是分内的还是分外的工作，都要努力做好。

任何一个有进取心的人，都不会介意在做好自己分内工作的同时，尽自己所能每天多做一些分外的事情。多做一些有利于他人以及工作的事情，我们会得到比他人更多的成功机会。

对员工而言，工作好像有分内分外之别，但在老板看来，工作从来没这种差别。出色的员工在高效地完成自己分内的工作以后，总是能主动地帮助同事与老板做好属于集体以及企业的工作。他们总是能与老板或同事形成同一个思想，抱定同一个目标，坚守同一个信念。所以他们认为，一切工作都是自己的或者是和自己相关的。正是这种意识和行动，成就了他们努力拼搏的进取心与积极高涨的工作热情。

如果我们每天都能够坚持这么做，那么我们就会在自己的努力中积累经验、补充知识，同时还会增强自己的工作能力。

做好分内的事，是一种责任；主动做好分外的事，也是一种责任，而且是一种更为可贵的责任。特别是，当分内工作与分外工作没有实质性区别的时候，无条件地、不计任何回报地把工作做好，则是一种更为难得的责任感。分内的事，大多是公司、社会的一些"硬指标"，以及我们自身生存和发展的需要"强迫"我们去做好的；分外的事，却主要是我们对公司或社会的一种义务感，或者纯粹是我们内心深处的良知要求我们去做好的，它不是"强迫"的结果，而只是一种软性约束。我们如果不愿意去做，或者没有尽力做好，一般也不会受到法律制裁，最多受到道义上的谴责。

但是，一个对自己、对社会高度负责的人，一个品德高尚、无私无畏的人，是不会满足于只是机械而被动地做好分内事情的。他必定要向自己提出更高的要求，因而必定会在人生的关键时刻作出最辉煌、最有价值的选择，没有丝毫迟疑，永远不会后悔。

责任创造机遇

经常会有人抱怨自己与机遇无缘，却看不到机遇其实就在我们身边。我们的工作岗位，要负责的每一项任务，都可以变成我们发展的一次机遇。

拿破仑·希尔说过："机遇就在你的脚下，你所在的岗位就是机遇出现的基地，在萌发机遇的土壤里，每一个青年都有成才的机会。机遇之路虽然有千万条，但你所在的岗位却是必经之路，最佳之路。"这句话千真万确。一个人只有热爱自己的岗位，把希望同脚踏实地的工作联系起来，珍惜自己的工作，把每一次负责都视为自己发展的机遇，在平凡的工作中埋头苦干，矢志不渝，这样，才能为自己的成功赢得机遇。

责任，对于积极的人来说，充满了机遇和挑战，但是对于消极的人来说，却处处都是困难和包袱。无数事实证明，容易在工作中获得成功的人，往往是那些能够主动在责任中把握机遇的人。对于每一位工作着的人来说，工作就是一种责任。因此，每一位渴望上进的员工都应当在工作中为自己赢得发展的机遇。然而，机遇在哪里？在崇尚公平竞争和能力至上的现代职场，机遇就在我们要从事的每一份工作和要完成的每一项任务中。很多人总希望有一天会有突来的机遇把自己从地狱送到天堂，眨眼之间就能拥有一份值得炫耀的年薪。但事实上，只有一小部分机遇是侥幸得到的，更多的机遇是靠我们认真努力争取来的。同样，在职场中，发展的机遇也是我们自己创造的。

这是很多人，尤其是那些渴望在事业上取得成功的年轻人心中的疑问。

事实上，机会就在每一份责任中，机会在每一个人的身边。之所以有很多人抱怨机会太少，是因为他们没有认识到责任的重要性，拥有责任，就拥有了更多的机会，见到责任就躲的人，结果把机会也躲掉了。

拥抱责任的人，实际是抓住机会的人；逃避责任的人，看似世

事通达，实际上，机会也会悄悄溜走。"机会"总是藏在"责任"的深处，只有聪明的人，才能够看到机会究竟藏在哪里。当我们觉得自己缺少机会或职业道路不顺畅时，不要抱怨他人，而应该问问自己是否承担了责任。

其实，责任和机会的关系，可以分为三种形式。

第一，责任与机会合二为一。比如，某公司有一个重要项目需要实施，董事长提出竞争上岗，谁做好了，谁就是下任项目主管。谁都看得出来，做好项目既是责任也是机会。

第二，责任中隐藏着机会。比如，老板对一位员工说："你去开发东北市场。"表面看来，老板是给员工一个任务，实际上是给了员工一个机会，因为如果开发东北市场成功了，这位员工可能被提拔为东北市场总经理。

第三，机会中隐藏着责任。比如，老板任命某员工为经理。从表面上看，这是一个机会，事实上，它同时又有责任，抓住做经理这个机会，同时也就意味着要承担起一个合格的经理应当承担的责任。

上面三种形式，归纳起来实际上就是一种关系："责任就是机会"或者说"拥抱责任就是拥抱机会"。

逃避责任是人的一种本能，也可以说是人的一种劣根性。没有责任，却能轻轻松松地领取薪水，这是多么快意的事情啊，就像滥竽充数的南郭先生一样。但是，这样的好事情绝对不会长久，不愿意承担责任的人，早晚要被扫地出门，即使侥幸没有被赶走，也会因为长期不承担责任，长期得不到锻炼而能力退化，进而被淘汰。而那些工作中主动负责的人，机会就在他身边。

约翰·格兰特在一家五金商店工作，每周只能赚两美元。他刚进商店时，老板就对他说："你必须对这个生意认真负责、熟门熟路，这样你才能成为一个对商店有用的人。"

"一周两美元的工作，还值得认真去做？"与格兰特一同进公司的年轻同事不屑地说。

然而，这个简单得不能再简单的工作，格兰特却干得非常用心，充满责任感。

经过几个星期的仔细观察，年轻的格兰特注意到，每次老板总要认真检查那些进口的外国商品的账单。而那些账单使用的都是法文和德文，于是，他开始自学法文和德文，并开始仔细研究那些账单。一天，他的老板在检查账单时突然觉得特别劳累和厌倦，看到这种情况后，格兰特主动要求帮助老板检查账单。由于他干得实在是太出色了，所以之后的账单自然就由格兰特接管了。

一个月后的一天，他被叫到一间办公室。老板对他说："格兰特，公司打算让你来主管外贸。这是一个相当重要的职位，我们需要有责任感、能胜任的人来主持这项工作。目前，在我们公司有20名与你年龄相仿的年轻人，只有你看到了这个机会，并凭你自己的努力，用实力抓住了它。我在这一行已经干了40年，你是我亲眼见过的三位能从工作中发现机遇并紧紧抓住机会的年轻人之一。其他两个人，现在都已经拥有了自己的公司。"

格兰特的薪水很快就涨到每周10美元。一年后，他的薪水达到了每周180美元，并经常被派驻法国、德国。他的老板评价说："约翰·格兰特很有可能在30岁之前成为我们公司的股东。他已

经从平凡的外贸主管的工作中看到了这个机遇，并尽量使自己有能力抓住这个机遇，虽然做出了一些牺牲，但这是值得的。"

年轻人往往充满梦想，这是件好事。但年轻人还需要懂得：梦想只有在脚踏实地的工作中才能得以实现。许多浮躁的人曾经都有过梦想，却始终无法实现，最后只剩下牢骚和抱怨，他们把这归咎于缺少机会，也就是不负责任的最终结果。

一个普通员工小刘在谈到她被破例派往国外公司考察时说："我和某位同事虽然同样都是研究生毕业，但我们的待遇并不相同，那位同事的职位高一级，薪金高出很多。庆幸的是，我没有因为待遇不如人就心生不满，仍是认真负责地做事。当许多人抱着多做多错、少做少错、不做不错的心态时，我尽心尽力做好我手中的每一项工作。我甚至会积极主动地去找事做，了解领导有什么需要协助的地方，事先帮领导做好准备。在后来挑选出国考察人员时，我是唯一一个资历浅、级别低的普通员工，这在公司里是极为少见的，我也是非常幸运的一个。"

作为职员，你应该记住：责任和机会是成正比的。没有责任就没有机会，责任越大机会越多，责任越小机会越少。因为机会从来不是独来独往，它要么牵着责任的手，要么和责任合二为一。所以，拥抱责任就是拥抱机会。

世界上最大的金矿不在别处，就在你自己身上，而我们常常在别处不断地寻找。只要我们认真对待我们的工作，以高度的责任感面对我们的工作，在工作中不断思考，就能发现机会，就能创造不同凡响的人生。

责任的价值超越能力

一个人的能力要想有所体现，就必须借助于一定的条件。而这个条件就是要勇于担起责任，唯有这样的人，才会在企业最需要的时候挺身而出，为了企业的利益出谋划策，帮助企业实现最大的利润效益。与此同时，还可以实现自己人生的飞跃，将自己的能力完美地展现出来，从而创造出最大的价值利益。

只有富有责任感的员工，才会富有开拓和创新的精神。只有富有责任感的员工，才不会在没有努力的情况下，就事先找好借口推脱。因为，他会想尽一切办法，完成公司交给的任务。条件不具备，他们会创造条件；人手不够，他知道要多做一些、多付出一些精力和时间。不管他们被派向哪里，都不会无功而返，都会在不同的岗位上，让自己的能力展现出最大的价值。

责任可以说是能力的核心与统帅。责任感越强，提升的空间就会越大。有了责任感，我们的能力才会有用武之地；有了责任感，我们才会有正确的努力方向。因此，无论在什么岗位，都要牢记自己的责任，认识自己所处位置的重要性。只有这样，我们才能够在责任感的引导和驱使下，将自己的能力发挥到极致。我们所在的企业会因为这份责任感，变得更加辉煌和强大，而我们的人生也会因此而更加

精彩。因为，责任感在很大程度上，决定着个人能力的大小。

　　能力可以有很多种，但是责任却是固定的。把责任心或责任心视为一种能力，是人力资源开发与管理学的一个新观点。这个新观点可以说是知识创造，向自我管理倾斜的产物。本来，自我的责任感算不上是新概念，但是，岗位责任制早已被管理学家提了出来。一个机构的成员，必须在其职责范围内尽到自己的责任，完成自身的任务。但在今天看来，知识社会已显示出信息交流的重要性，而对信息的迅速反应与创新更是日显重要。基于此，事业的成功与发展，就更依赖于成员的责任感和主动精神，以保持一个机构或团队强大的应变能力与竞争力。

　　"责任比能力更重要"，并不是对能力的否定，而是意在强调，在能力相同或大致略同的情况下，责任感对工作的结果往往能够起到决定性的作用。责任需要用业绩来证明，而业绩则是要靠能力去创造。责任能够令一个人具有最佳的精神状态，精力充沛地投入到工作中去，并能最大限度地发挥自己的潜能。

　　确实，个人能力强的，在战场上能够直接打击敌人，也能在商场上直接为企业创造利润，而责任却好像没起到直接打击敌人与创造利润的作用。也许正是因为这一点，人们才会比较注重能力而忽略了责任。

　　当我们并没有担起全部责任，而又庆幸自己因此没有受到任何责罚时，那么，可以对我们作出以下几点评价：第一，我们是一个不想担负责任的人；第二，我们拒绝了提升自己的能力，甚至是超越自己的机会；第三，我们辜负了他人对你的期望，同时也辜负了我们自己。能力永远是由责任来承载，因为责任才得到体现的，所以，没有责任感，我们和成功的距离就如同南辕北辙，将会渐行渐远。

因此，从某种意义上讲，成功源于责任，责任比能力更重要。

责任无处不在，责任存在于工作中的每一个岗位。最渺小的人与最伟大的人，都同样有着自己的岗位和责任。上进心不够强，对自己要求不够严格，也不太自信，不太敢于承担责任，这样的人怎能做好事情呢。再者，不善于发现和解决问题，缺乏开拓创新的意识，在工作中缺乏积极主动性和做事的毅力、恒心，只会服从工作任务的安排和布置，不太会对工作进行创新和发挥，就会很容易导致做事死板。面对工作中的问题和困难，不会想尽办法去解决，有比较大的畏难情绪，这就是责任感不强的表现。另外，就是做事不够细致周到，考虑问题不够周全，尤其是当工作繁忙时，心情就会容易烦躁，做事时也会顾此失彼、无视细节，最终导致自己的疏忽大意、敷衍塞责了事，这样就会出现很多漏洞和失误。这也是自己责任感不强的表现。

针对自己在工作中存在的问题和不足，今后要吸取教训，积极进取。可以通过转变观念来强化自己的责任意识。工作无小事，我们必须负责任地做好每一件小事、抓好每一个细节。对于每一次任务，我们都要认真地去对待，这样我们的前途才会坦荡，公司的发展才会蒸蒸日上。

强烈的责任意识是做好工作、成就事业的精神支撑和力量源泉。"无论一个人担任何种职务，做着什么样的工作，他都会对他人负有不可推卸的责任，这是社会的基本规律，也是道德的基本要求，更是心灵的自然选择"。我们的工作不仅要对公司负责，更要

对自己负责。

有很多人一辈子都没有任何成就，其主要原因就是，他们在自己的思想与认识中，并没有理解和树立勇于负责的精神。如果说智慧和勤奋像金子一样珍贵的话，那么还有一种东西则比金子更为珍贵，那就是勇于负责的精神。

从古至今，具有这种勇于负责精神的人，都是人们喜欢的对象。任何一位平凡的员工，只要他具备了勇于负责的精神，他的能力就能够得到充分的发挥，潜力就能够得到最大限度的挖掘，为企业创造出巨大的效益。与此同时，他本人的事业也能够得到很好的发展。

当今社会，处处都为人们提供了发展自己事业的机遇。不过，受社会潮流的影响，不少人身上都滋生出了自由懒散、不受约束、不负责任的坏习惯。在这些人看来，这样一个时代，谋求自我实现、自我发展、自己创业当老板才是一件很正常的事情。然而，他们却忘了，只有责任感才能实现自己的价值，也唯有具备勇于负责的精神的人，才会受到他人的器重与提拔。

一天中午，整个公司的人都去食堂吃饭了，只有凯瑟琳自己还留在办公室中收拾东西。这个时候，公司的一位董事经过他们的部门停了下来，因为他想让凯瑟琳帮忙找一些信件。但是，这并非凯瑟琳职责内的工作，因为她只是一个普通的打字员而已，可凯瑟琳仍旧回答道："虽然我对这些信件一点也不了解，不过，我会尽快帮您找到它们，然后送到您的办公室。"当凯瑟琳把找到的信件放到董事的办公桌上时，后者显得非常高兴。

这样过了一个月，有一个部门领导突然辞职了，公司就为此召开了一次管理会议。当总经理征求这位董事的建议时，他的脑子里突然出现了那位极负责的女孩——凯瑟琳。在董事的推荐下，凯瑟琳就连升了两级，做了主管。

当然，这个故事不是在告诉大家，凯瑟琳的能力有多强，可以说从根本上就没提到她的能力，而是在说她的负责任。她之所以能够连升两级，完全在于她个人对工作积极认真负责的态度。

也可以说，勇于负责就是一种积极进取的精神。一个人若想实现自己心中的梦想，决定改变自己的生活现状与人生境遇，首先需要改变自己的思想与认识。只有学会从责任的角度着手，对自己所从事的事业保持一个清醒的认识，努力培养自己勇于负责的精神，才会取得成功。

其实，就算一个人生来就是老板，非常幸运地拥有了自己的事业，也要对自己的事业认真负责，只有这样才能令公司发展壮大，才能创造出属于自己的一番成就。因此，只要我们还是企业中的一员，就应当抛弃一切借口，清除脑子里的消极散漫思想，全身心地投入到自己的工作当中，以勇于负责的精神去面对自己的工作，时时处处为企业考虑，才是最值得别人尊敬和欣赏的。这样，才会被企业视为栋梁，得到重要的职位，从而可以面对更广阔的工作舞台。此时，实现自己的事业和理想也就指日可待了。

无论任何人，只要对这个社会有所付出，就会得到社会的回报。不管是荣誉也好、财富也罢，前提就是一定要我们转变自己的思想与认识，努力培养自己负责的工作精神。也只有具备了对工作

负责的精神，才会拥有改变一切的力量。

在残酷的社会现实中，之所以有很多人一辈子都没有任何成就，其主要原因就是他们在自己的思想与认识中没有充分地认识到责任的重要性。但并不能说他们没有一点儿能力，只能怪他们常以自由享乐、消极懒散、不负责任、不受约束的态度，对待自己的工作与生活。其结果，自然是无奈地沦落为人生中的失败者。因此，责任很重要，一个人事业的成功与否，在很大程度上依赖于责任，简单地说：责任的价值远远超越能力。

责任激发热情，赢得工作的成功

首先，责任胜于能力，培训不是洗脑！一个人做一件好事并不难，难的是经常做好事，更难的是将做好事当作自己的义务！如果一个人缺乏信仰，这种要求是不可能的，甚至是难以想象的！一个人的信仰哪里来？如果没有一种良好的组织范围和卓越的组织精神，怎会有人们强烈的信仰？卓越的员工行为一定是源于卓越的企业文化，而卓越的企业文化核心就是责任，只有强烈的责任感才能推动一个人将持续的做好事情视为自己的义务！

要想让每一名工作人员的责任感都充分体现出来，必须首先让员工学会遵守工作流程，严格按工作标准工作，不违反工作制度，自觉接受组织监管。要做到这一点，必须对员工进行培训、教育。但员工责任感如何培养？何为培？就是培土、培养，在树苗四周堆上土叫培，目的有二：一是保护树苗不被风刮倒；二是保养，为树苗添加养料。何为训？就是告诉人们不该做什么。训导，就是告诉人们应该做什么，应该怎么做；训练，就是反复做，把应该做的事情按正确的方法反复演练。

科学发展观，一步一重天，责任促进发展，激情成就事业。我们大多数人的体内都潜伏着巨大的才能，这种潜能就是一枚"定时炸弹"，只有伟大的责任降临到肩上的时刻，它才会"爆炸"。同样，在工作中我们应付困难的能力和创造事业的才能，也常常只有在重大的责任压力下才会被激发出来。

工作不积极，劲头不足，缺的是什么？是激情。激情是促进潜能发挥的必要条件，是获得成功、创造辉煌业绩的源泉。没有激情，你在工作时必定没有持续向上的动力，消极的态度便会逐渐蔓延。激情来自信念的支撑，来自由衷的热爱。不论目前的工作是否适合你的心意，只要你还在职，就应该试着去爱上它，用最大的热情和努力做好它，只有付出辛勤的汗水，你才能真正收获成功。

俄国生物学家巴甫洛夫指出："当你工作和研究的时候，必须具有强烈的激情。"而法国作家沃韦纳戈也曾说："智慧的最大成就，也许要归功于激情。"

激情能够载着梦想起航，能够指引我们一如既往地掌舵拉帆，让我们动力十足，时刻向前。可以说，对工作的激情决定着我们对待工作的态度，决定着我们工作的效率。在工作中点燃梦想的激情，工作便会像电动机一样劳之不倦地运行。

但是现实情况是，人们的工作常常与梦想错位，哪里激发得起

激情呢?

的确,现实的工作与梦想之间总是存在着这样那样的分歧。希望成为记者却做着摄像的工作;希望成为演员却做着音效的工作;希望成为公关部经理却做着销售员的工作。工作与梦想的方向不一致,成为员工缺乏工作热情的主要原因。

梦想与工作真的很难吻合吗? 其实并非如此,成功很少会有直达的捷径,很多时候都需要我们做出足够的铺垫,而做好工作就是我们最坚实的铺路石。

梦想的激情无法一下子将我们带到成功的彼岸,它只有在我们每一步坚实的行动中才能发挥作用。激情可以给予我们巨大的动力,让我们干劲十足,不懈向前。

所以,不要认为是眼前的工作削弱了我们的兴致、埋没了我们的激情,也不要认为自己的工作与梦想格格不入。我们工作的每一步都起着巩固你人生路基的作用,做好每一项工作,对我们来说都是一种收获,都可以成为我们实现梦想的一个标志。

薪水反映了工作价值,我们的薪水少,就意味着我们的工作价值低,为企业带来的利益少,但是这并不代表我们的个人能力也一定低。决定我们工作价值的因素除了个人能力,还有我们所体现的职业化程度。如果我们的薪水不高,就要仔细想一想,到底是自己的个人能力不够还是职业化程度太低。

比尔·盖茨有句名言:"每天早晨醒来,一想到所从事的工作和所开发的技术将会给人类生活带来的巨大影响和变化,我就会无比兴奋和激动。"

比尔·盖茨的这句话阐释了他对工作的激情。在他看来,一个成就事业的人，最重要的素质是对工作的激情，而不是能力、责任及其他（虽然它们也不可或缺）。他的这种理念，成为一种微软文化的核心，像基石一样让微软王国在IT世界傲视群雄。

激情是一种情绪、一种精神状态，是干好各项工作的不竭动力。激情不管是聚积于内，还是显露于外，都能激活身心的巨大潜力。工作的激情需要培养和激发，需要采取合适的方法予以点燃。

无论是谁都不愿意整天和一个无精打采的人在一起，也没有哪家企业的老板会提升一个在工作中没有活力的员工。因为一个人在工作的时候缺少活力，不仅会降低他个人的工作能力，还会将这种不良的精神状态传染给其他人。

在职场中，如果一个人对自己的工作充满了激情，不管他是在哪家企业上班，他都会觉得自己所做的事情，是全世界最神圣、最崇高的一项职业。即使工作难度再大，或者质量要求再高，他始终都会认认真真、不急不躁地将它做好。

其实，只要拥有了激情，就意味着受到了鼓舞，而鼓舞恰恰又为激情提供了必要的能量。赋予我们所从事的工作以重要性，激情就会自然而然地得以产生。就算我们的工作没有吸引力，但只要善于从中寻找其独特的意义与目的，就会有激情。

一旦有人对自己的工作充满了激情，那么，他就会尽自己最大的努力做好这项工作。此时，他的自发性、创造性及专注精神等都会在工作的过程中体现出来。

有很多人，对自己的工作始终都不能产生足够的激情和动力，原因就是他根本就不知道自己为什么需要这份工作。

从热爱工作到对工作产生热情，是一个了解并渐渐深入工作的

过程。随着工作的深入，热情可以转化成激情。

在工作中，激情是我们最好的朋友。是否具备这种古老的狂热精神，决定了我们能否得到期望的工作，能否拿到订单，更加关键的是，它还决定着能否保住我们的工作。

可以说，激情是高水平的兴趣，是积极的能量、感情与动机。我们所想的决定着我们的工作成果。当一个人真正拥有了工作的激情时，就会发现自己浑身都有感染力，目光闪烁、反应灵敏。这种神奇的力量，会让自己以完全不同的态度对待他人、工作以及整个世界。

伟大的人物，对人生的使命、热情可以谱写历史。而对工作充满热情，则可以改变一名普通员工的人生道路。

作为一名员工，其工作的热情就像生命一样。依靠热情，我们还可以将枯燥无味的工作变得生动有趣，让自己的生活充满活力，培养自己对事业的狂热追求；依靠热情，我们可以感染身边的同事，让他们理解、支持我们，拥有良好的人际关系；依靠热情，我们可以释放出潜在的巨大能量，养成坚强的个性；依靠热情，我们更可以得到老板的器重与提拔，获得珍贵的成长与发展机会。

作为一名员工如果缺乏热情，就无法做到始终如一、高质量地完成自己的工作，更不会做出创造性的业绩。要是没有了热情，我们就永远也无法在职场中立足与成长，永远不会拥有成功的事业和充实的人生。然而，这一切都将依赖于责任，只有勇于担负责任，才能充分地激发出内心的激情，工作有了激情，才能够赢得整个世界！

激情是工作的灵魂，是一种能把全身的每一个细胞都调动起来的力量，是不断鞭策和激励我们向前奋进的动力。在所有伟大成就达成的过程中，激情是最具有活力的因素，可使我们不惧现实中的重重困难。每一项发明，每一个工作业绩，无不是激情创造出来的，激情是工作的灵魂，甚至就是工作本身。有了火一样的激情，我们就能一飞冲天。

责任可以提升能力

责任，还可以在很多方面提升个人的能力。在现实工作中，做得越多的人，总是成长得越快；相反，不肯负责的人，常常止步不前。人生的价值，不是以得到多少来计算的，而是以付出多少来计算的。

能力与责任在任何的工作、学习中都是必须要有的。但是随着时代的进步，责任的重要性逐渐呈现，在有着良好的意识之下，通过一定量的努力，能力可以从责任中得到提升。事实也证明了勇于去承担责任的人，可以使一个团队、一个企业的凝聚力、战斗力、竞争力得到很大提升。因此，责任是工作中必须承担和履行的一种义务，同时也是工作中最宝贵的东西。

要负责任地提升自己的业务能力，强化自己开拓创新的意识，提高自己发现问题和解决问题的能力。没有责任，能力就无法得到提高；没有能力，工作也无法正常开展；能力不强，就会影响自己工作的绩效。在工作中要积极参加各种培训，多学习、多吸纳新知

识、新信息、新观念，提高自己的业务水平，并把学到的新知识、新观念适时地运用到自己的工作中，把工作当成自己的事业来经营，充分地提高自己的能力。

现今的企业管理工作中，我们要有一种很强的责任感。因为个人的能力水平有高低，而责任意识才是最主要的，有没有责任感，其结果是完全不一样的。

可以这么说，企业里的员工，每个人都有着强于他人的能力。但是，并不是每一个人都有很强的责任感。所以，他们取得的成就是不相同的。有些人虽说自身的能力不强，但是，他们的责任感却强于其他人。他们可以利用自己强烈的责任感，弥补自身能力的不足。

责任感决定工作的结果。有了责任心，我们工作的绩效才会提高，工作才会注重细节，运用方法时才会得当，员工对公司才会更加忠诚，无愧于心。

一个员工的责任感，只有在自身能力的展示中才会体现得淋漓尽致。责任与能力并存的员工才是企业真正需要的人才。

承担责任，是一种付出，也是一种能力的体现，以后定会获得丰厚的回报。工作就意味着责任，在自己的本职工作中，负责地做事，把工作当成自己的事，强化责任和结果意识，优化工作方式，一切用结果来说话。勇于负责，不惧困难，顾全大局，心中常存使命感。积极地挑战自己，全力以赴，对工作负责到底。培养尽职尽责的做事风格，关注今天，坚决改过自己不足的地方。要学会并做到面对困难坚持不懈，面对成功淡然处之，面对绝境毫不放弃，不推诿责任，自觉地去承担责任，做一个有责任意识敢于承担责任的人。也只有这样，才能弥补自身能力上的不足，还能在一定程度上提高自己处理事情的能力。

在这个世界上，并不缺乏有能力的人，那种既有能力又有责任感的人才是每一个企业都渴求的理想人才。因此，每一名员工都要有强烈的责任意识，有责任感的人不论能力怎样，都会受到老板的重视，公司也会乐意在这种人身上投资，给他们培训的机会，提高他们的技能，因为这种员工是值得公司信赖和培养的。当然，责任胜于能力，一个只有责任感而无能力的人，是无用之人，因为责任需要用业绩来证明，业绩是靠能力去创造的。

所以，要想工作价值有所提升，我们首先就要提高个人能力，并知道如何才能更好地发挥它。但是对每一个员工来说，工作价值最大化并不意味着是一味地提高能力、提高职位，而是要根据自身情况，找到最能体现自我工作价值最大化的途径。对于一名员工来说，要提升工作的业绩，必须提高自身的责任感，对于一个企业来说，提高团队绩效的好方法就是提升员工的责任感。对于责任型组织来说，人才不是学历、不是知识、不是年龄甚至不是经验，而是"责任胜于能力"和"责任感"。三分能力，七分责任。责任是一种能力，责任胜于能力，责任提升能力，责任可以使能力发挥到极致。

责任能够让一个人具有最佳的精神状态，精力旺盛地投入工作，并将自己的潜能发挥到极致。一个人能清醒地认识到自己的责任，并勇敢地去担当，无论自己，还是对社会都将是问心无愧的。人可以不伟大，但不可以没有责任。任何时候，我们都不能放弃自己的责任。责任让人坚强，责任让人勇敢，责任让人去创新，责任也让人知道关怀和理解——责任提升能力。

"责任胜于能力"不是空喊的口号，这个观点的内涵是丰富

和深刻的。就像古人说过的"在其位，谋其政；行其权，尽其责"一样，这和现代的观点其实表达的意思都是一样的。简单地理解就是：在工作中，我们要在岗位上尽到责任，因为这个责任我们要尽到，所以，我们就会通过发挥各种资源力量，寻求各种解决方法，最终完成岗位工作的要求。我们也就是在这个过程中，在"尽责"的因素驱使下，把工作做好、做到位，就在这个满足责任要求的过程中，我们会不断地工作，不断地学习，不断地适应、提高，最后工作做好了，我们自己的工作能力也已经提升了，这也就实现了"责任提升能力"的过程。

责任和能力的问题如影随形，伴随着人的整个成长过程，包括生活和工作等的整个过程，值得探讨，值得深思。探讨责任和能力的问题也是为了分析责任和能力各自以及相互影响的作用，认清、认识责任和能力的意义和作用，从而来推动各自责任和能力的成长提高。

企业愿意信任一个能力一般却有强烈责任感的人，而不愿重用一个能力强，但马马虎虎、无视责任的人。因为能力可以提高，有了责任感，公司乐意给他们培训的机会，来提高他们的技能。

责任与能力共同铸就个人品牌，真正强大的企业是对社会负责的企业。在日益激烈的市场竞争中，人们关注的已不单单是企业产品，更倾向于关注企业所扮演的社会角色和所承担的责任。

责任承载能力，责任让能力更出众。能力是指顺利完成某项活动所必需的主观条件。具备同样责任感的人，在完成相同的工作时表现出来的能力可能会有所不同。

能力，就其字义来理解，是指具备实现或达到某种目标的实力，也可以理解为具有某种实务操作的技能、技巧。能力与知识、经验和个性特质共同构成人的素质，成为胜任某项任务的条件。能力不是一个人天生就有的，而是后天不懈学习，不断加以实践培养出来的。

对于责任和能力的联系，应该是这样理解，责任是主观意识，能力是客观存在，但同时两者之间也有相辅相成，互相促进的辩证关系。责任本身就是一种能力，而能力始终由责任承载着。作为工作人员，我们如果不认真履行责任，就不可能完成工作任务。我们的能力再强，如果不愿意真心付出，也不可能更好、更完美地完成工作。如果我们主观意愿地为工作付出，即使我们的能力稍逊一筹，也能出色地完成工作。责任胜于能力，并不是对能力的否定，责任要用工作业绩来证明，而工作业绩要靠能力来实现，能力靠责任来承载。从这种意义上来说，责任胜于能力。责任和能力就像鱼和水的关系，你中有我，我中有你，抛开责任讲能力，或者只讲责任都是不现实的。我们每个人只有树立正确的责任感，才能挖掘自身的潜能、释放自身的能量，才能更好地完成工作。

生命的意义在于责任

其实，任何一个人都有自己所要担负的责任。对工作、家庭以及亲朋好友，任何人都有特定的责任，绝对不要自以为是，而忘了自己的责任所在。对于这样的人，巴顿将军有一段话说得

好："自以为了不起的人一文不值。只要让我遇到这种军官，我会马上调换他的职务。每个人都必须是心甘情愿地为完成任务而献身。一个人一旦自以为了不起，就会想着远离前线。这种人就是地道的胆小鬼。"巴顿将军所强调的就是：在战场上，任何人都应该学会付出，到最需要我们的地方去，做我们该做的事情，而不能忘了自己的责任。

面对责任，不同的人会作出不同的选择。有人以邻为壑，有人责无旁贷；有人背信弃义，有人义无反顾；有人退避三舍，有人勇挑重担。责任对于我们来说，不仅仅是一种任务，更是一种使命。只有秉承着责任高于一切的信念，我们的生活才会更加有条理，我们的人格魅力才能得以提升。

责任沉淀在我们每个人的生命里，是它让我们对自己的使命忠诚和信守到底。当一个人以虔诚的态度，去对待生活和工作时，他能够感受到：承担、履行责任是天赋的职责。

我们总是在羡慕那些成功而又享受着优越生活的人群，而又有谁知道他们成功背后付出的汗水、泪水，乃至血水呢？同样的人在做同样的事情，为什么有的人成功了而有的人却一名不值，关键答案就是他们赢在了表面，输在了背后。

责任具有至高无上的价值。有人说，假如我们非常热爱工作，那我们的生活就是天堂；假如我们非常讨厌工作，那我们的生活就是地狱。在每个人的生活中，有大部分时间是和工作联系在一起的。放弃了对社会的责任，就背弃了对自己所负使命的忠诚和信守。责任就是对工作出色地完成，责任就是忘我的坚守，责任是人性的升华，责任是我们做好工作的前提。没有责任感，就不必去应付那份工作。

感情和责任就像是一对孪生兄弟，但又是决然不同的。感情是感性的，要靠许多外在的条件加以维系。比如男人爱女人，就会要求女人年轻、温柔、漂亮；大人爱孩子，一般都会附加上"望子成龙"的条件。但如果哪天女人病了、老了、丑了；孩子哪天残了、傻了，人们依然爱着他们，依然疼着他们，依然不会放弃，那爱才真伟大。

感情是脆弱的，而责任却更像是立于天地间的钢筋和铁柱。如果感情的大厦发生倾斜，只要还有责任在就可以"天欲堕，赖以拄其间"。责任是充满理性的，是道德和人格的化身，是没有条件的，因而也是最牢固、最可指望的。

还有数不胜数的现实中的事例：钢铁战士麦贤得，为什么在脑浆迸裂时还能创造出在填炮弹的奇迹？那是因为一个战士对国家的责任；多年前龙梅、玉荣为什么能够在特大风雪里，保证羊羔不损伤一只？那是因为她们心里有一团火——少先队员对集体财产的责任。

担负责任，就一定会付出代价、作出牺牲。无论谁懂得了这一点，都可以得到安宁和幸福，赢得他人的尊敬和爱戴！感情是珍贵的，而责任更是至高无上的。

在我们生活的现实中，可以见到父母亲抛弃儿女，同时也见到年老病弱的人被儿女遗弃。这是因为他们缺失了人性、感情，更是抛弃了自己的责任。与此同时，生活中又有多少老人被毫无关系的人赡养，又有多少孩子被素不相识的人收留，这些又是人类心底的良知和责任的驱动。

工作也需要这样的责任来制造动力。有这么一个例子，说的是一位女中专毕业生，当时在上卫校的时候，胆子最小，而且体质又弱，就像林黛玉一样。可是过了十几年以后，谁也没有想

到，她竟然成了一名经常和尸体打交道的解剖学老师。她以前的同学问她何以如此，她的回答却很简单："总得有人去干，学生还需要人教呢！"为了这种责任，她早已发生了蜕变。

责任是人一生中最沉重、最有分量，也是最有价值的东西，只有真正大气的人才能承受。毛泽东曾对党员的责任，有过一个通俗的解释，他说，共产党员的责任是什么？就是党赋予他们历史使命的责任重托，人民寄予期望的责任重托，就是要把中国革命事业的责任感摆在首位。党的历史责任既是一个整体性的综合概念，理论上的价值判断，又是一个具有实效性的事实范畴，更离不开千千万万党员的践行。因为他们肩负着服务于人民的责任，而责任则高于一切政党和言论。

有一次，一个士兵给拿破仑送信。尽管敌人在前面设有重重关卡，而且他的腿又受了伤，但是，他中途硬是没有休息，三天三夜滴水未沾，加快速度提前把信送到了拿破仑的手中。当赶到拿破仑面前时，由于过度的劳累，士兵骑的马跌倒在地，一命呜呼了，士兵也晕倒在了地上。当他醒来后，就立即把信交到了拿破仑的手中，拿破仑看完后又起草了一封信，并让他转送回去，并吩咐他骑上自己的战马，快速把信送到。

当士兵看到那匹装饰得无比华丽的骏马时，他便对拿破仑说："将军，这样不行，我只是一个普通的士兵，实在不配骑这匹华丽而又强壮的骏马。"

拿破仑却回答他道："世界上没有一样东西，是充满责任感的法兰西战士不配享有的。从此以后，这匹骏马就永远属于你了。"

最后，拿破仑还是坚持把自己那匹心爱的坐骑，送给了这名士兵。这位士兵骑上骏马，在众人尊敬的目光中，又一次出发了。

一名士兵都可以用自己的生命去坚守自己的职责，同样，一名负责任的员工也应当时刻牢记自己的责任。无论何时都要提醒自己：责任至高无上，不要忘记和懈怠自己的责任。

责任让人坚强，责任让人勇敢，责任也让人知道关怀和理解。因为当我们对别人负责的同时，别人也在为我们承担责任。

责任，它代表了一个人的品质。责任，使人变得稳重。责任，使人知道自己的义务。责任，使我们拥有了那些对我们真正关心、帮助和爱护我们的人。

责任既是一种崇高的职业道德，也是一项重要的心灵法则。一旦肩负起责任，就会立刻成为性格的组成部分，就会具有稳定性，让人能自觉、主动、积极地尽职尽责。当一个人尽到自己的责任时，他就会产生满意的、愉快的情感。但是，如果他没有尽到自己的责任，则会深感内疚和不安。可以说，有了责任感，个人的价值才能得到充分、合理的体现。因为，生命的意义在于责任！

责任高于一切，成就缘于付出

责任对每个人来说都是一种与生俱来的使命，它伴随着我们生命的始终。我们每时每刻都要履行自己的责任：对家庭的责任、对

工作的责任、对社会的责任、对生命的责任……一个缺乏责任感的人，或者一个不负责任的人，会失去自己的信誉和尊严，失去别人对自己的信任与尊重，甚至失去社会对自己的认可。

生存在这个世界上，我们每一个人都肩负着一定的责任。有些责任是与生俱来的，而有些责任是因为工作而产生的，这些责任是每个人都推脱不掉的。

或许有不一样的活法，但那是例外，另当别论，抑或是另类，但凡普通大众都遵循这一生命的历练过程，一种支付责任的过程，对自己、对家人、对社会的责任。

活着有时是一件很辛苦的事情，有时觉得很累，真的很苦，尤其在物质丰富，精神缺失的今天。

一个人的生命长短并不是最重要的，重要的是我们如何度过这些日子，关键在于它的内容和质量。无论成败得失，无论悲喜哀乐，无论精彩平淡，无论贫富骄奢，只有挚爱生活才能享受其中的乐趣，才能拥有生命过程的精彩。抑或我们一生都将平平凡凡，但能够做到一生都平平淡淡就是一件伟大的事情！平凡本身就是一种伟大。

罗丹说过："世间的活动，缺点虽多，但仍然是美好的。"想来生命就是如此吧！一个人自从呱呱坠地时，有一件行李便被安置在我们的背包中，无论经历多少长途跋涉，都不可能缺少它。这件行李就是——责任。责任是担当，是付出，是做好分内应做的事情。

责任常常是双向的。父母对子女有抚养的义务，子女又对父母有赡养的义务；责任是一个人能够立足于社会、获得事业成功与家庭幸福的至关重要的人格品质。托尔斯泰认为："一个人若是没有热情，他将一事无成，而热情的基点正是责任感。"美国西点军校更将"责任"二字作为校训。不难想象，只有具备高度责任感的人才会主动承担起对家庭的责任，对社会的责任，才会努力工作，报效祖国。

对于工作，任何人都不可能做到非常完美，仅能是相对的完美。但是，要想做到这一点，也并非是每一个人都能够做到的，因为责任很重要。有了责任才能更好、更努力地去完成工作，让自己的工作臻于完美。

责任具有至高无上的价值，它是一种伟大的品格，在所有人生价值中它处于最高的位置。人生中只有一种追求，一种至高无上的追求——那就是对责任的追求。在这人世间，维系人与人之间的正常关系的纽带是感情，而支撑着人们要去构筑这个理想大厦的便是责任。

每个人都有属于自己的位置，从而便有了各自不同的责任：公务要员、普通百姓、父母、子女、夫妻，甚至恋人之间都有相互的责任。

对于此，我们可从中外一些文学名著中找到例子。

《西游记》中的孙悟空，为什么几百年来能够被人们喜爱和传颂？除了他无所畏惧，法力无边外，更在于孙悟空自接受观音菩萨的指令后，就将护送唐僧到西天取经当作了至高无上的神圣责任。为此孙悟空不畏艰辛，无论其间有多少妖魔鬼怪捣乱，被自己的师傅多少次误解、赶他走、念紧箍咒，他仍是一往无前，决不回头地完成了自己的使命。

雨果的《悲惨世界》里的冉·阿让，后半生一直处在像鹰犬

一样的警察的穷凶极恶的追捕中，但是为了对一个女人的承诺，为了担负起对那女人的女儿的责任，他艰苦卓绝拼搏到了最后一口气。就是这种责任的崇高和圣洁打动了一代又一代人。

责任，可以使平凡的人伟大，文学作品中是这样，生活中也是这样，对待工作更需要这样。只有充满责任感的人，才能创造生活以及工作中的奇迹。

千百年来，爱情是文学的永恒主题，歌颂、描绘爱情的著作浩如烟海。《茶花女》的经久不衰，决不是因为一个贵公子爱上了一个妓女，而是因为这个妓女为了她对阿芒父亲的承诺，为了保住阿芒的前途所作出的牺牲。因为有了这种责任，才令她担起了屈辱、误解，并作出了巨大的牺牲，使她舍弃了至爱，舍弃了健康和快乐，也舍弃了生命！

人间有多少忠于职守、重视责任的人们：那些明知时刻都有生命危险的干警们；那些明知要吸收放射性物质的医生们；以及那些长年累月在深山老林里的地质勘探队员们……难道他们只是为了个人的利益，才去选择做那种工作的吗？不是，因为他们有支撑着他们的行为和信仰的责任感，就像一根最坚实的柱石，做他们坚强的后盾。

第三章

忠于职责——敬业是责任感的升华

忠诚来自强烈的责任感，一个人只有具备了对企业与工作高度负责的精神，才算是真正的自我升华。一个没有责任感的人，就算每天都将敬业挂在嘴边，也经不起考验的。

责任感是敬业的真实体现

企业发展追求的目标是尽善尽美，一切工作都要力争做到更好，这样才能形成整体强大的竞争力。因此，企业管理所要求的，并不是在各个岗位上已经有人在干活就行了这么简单。一定要上升到人力资源管理的高度，运用绩效管理的方法，从制度上激励员工增强责任感，发挥出"敬业"的积极作用。正因为如此，很多企业在完善和推进绩效管理评价体系时，从部门管理者到员工，无一例外地设置了"责任感"的考评指标，并将其放在第一档的显要位置。而且对于部门管理者一级的考评指标，在"责任感"的前面，还有"道德素质"的考核。这些都是为了强调要做好后面的各项工作。可见，思想上对"敬业"的深刻认识是多么重要。

责任感是做好任何一件事必备的素质。一名优秀的员工必然对本职工作具有很强的责任感，一名优秀的管理者所具备的责任感会更强烈，因为他们所承担的管理职责更大，范围更广。那么同样，在道德素质、责任感的考核要求上，针对中层以上管理者就应当更为严格。随着企业管理机制的演变，对部门管理权限的下放也越来越多，"责、权、利"相结合的实现过程是很快的。但作为企业对各部门的绩效管理，在"权"与"利"下放到位的同时，对"责"的监督考核也是同步上升的。也就是说，作为员工，要能承担本岗位工作失职的责任（事实上绩效考核已经真实准确地进行了监督）。而作为部门的管理者，对本部门的工作失误需要承担的责任就要更大。为何在许多大公司都将选拔经理的首要条件定为"道德素质"？实际上就是看这名未来的管理者有没有能客观公正地面对现实，并且勇于承担责任的精神。反之，要避免的则是这样一种情况：部门管理者在部门工作取得一点成绩，获得一点奖励时，主要功劳都归到自己头上，名誉、奖金拿得最多。而当部门工作出现一些差错时，千方百计隐瞒不报，或是客观理由一大堆，就是自己没一点儿错，受到惩罚全往下属身上推。因此，企业在对部门管理人员的绩效评价标准中强调"责任感"，强调"遇事不推诿"是非常必要的。

"我们在为他人工作的同时也在为自己工作""工作的质量往往决定着生活的质量"，这些朴素的理念，已经或正在工作中成为大家的共识。无论我们从事何种工作、何种职业，无论我们是公司的高级管理人员还是中层业务经理；无论我们是一个工作多年的老干部还是刚刚参加工作的新员工，"负责任、忠诚而敬业"应该永远是我们每个人在工作中遵从的人生原则，我们也应该永远用这样的理念来对待自己的工作。

责任感，是企业成长的源泉；

责任感，是工作出色的动力；

责任感，是职业精神的核心！

人类失去责任感，世界将会是怎样？

一个缺乏责任感的人是不值得信赖的人；

一个缺乏责任感的组织是注定失败的组织；

一个缺乏责任感的民族是没有前途的民族！

什么是责任？责任是人基于社会角色而产生的义务。人生在世，要尽各种各样的责任。作为父母，要尽父母之责任；作为师长，要尽师长之责任；作为官员，要尽公仆之责任；作为军人，那就要尽爱军习武、保家卫国的责任。责任，是职责所系、义务所需。勇于承担责任，是个人道德品质高尚的体现，是立身处世的基本条件。一个不尽义务、推卸责任的人，则会失去别人对自己的信任。

有许多人活了一辈子也不知道什么是责任，什么是爱岗敬业。掂不出"责任"二字的重量，不懂得爱岗敬业是什么。

世界上没有那么多伟大的人，更多的是在社会分工中日复一日、年复一年地负责任地重复劳动。岗位上出不了那么多伟人，更多的是在为社会、为家庭、为个人的生存而努力忙碌着。

爱岗敬业就是责任，是最普遍的奉献精神。在工作中，任何一个工作岗位，既有独立性，又有相连性，这个岗位就是个人赖以生存和发展的基础保障。因此，爱岗敬业不仅是社会存在和发展的需要，更是个人生存和发展的需要。

在工作中，每一个工作的人，都有他的岗位职责，有职责就有责任，有责任就要担负。负责任就是敬业于自己的本职工作，珍惜热爱并踏踏实实做好这份工作。这份工作就是我们的天职。

敬业就是敬崇自己的职业。我们每一个人都要以一种尊敬、虔诚的心灵对待今天所承担的天职，只有将自己的职业岗位视为自己的生命信仰，才能达到敬业的境界。

有些人不学无术，加班再多也没有效率，那不叫敬业；有些人对工作只求做完而不求做好，那不是敬业；有些人机械劳动而没有创新精神，那不叫敬业；更有一些人上班不迟到下班不早退但对工作不用心，那更不是敬业。只有把工作当成人生的追求，把工作作为人生享受的人才是敬业之人。敬业不只是加班加点，敬业不只是任劳任怨，敬业而是把自己的工作当作一种精神享受的人生体验，它表现在工作中就是勤奋和主动，就是节俭和意志，就是自信和创新。这才是爱岗敬业，这就是责任的体现。

爱岗就要敬业，敬业就要精业

爱岗敬业，是一种对工作的基本态度。古今中外，爱岗敬业被多少有志之士视为人生的目标，他们在平凡的岗位上成就了伟业和功名。白求恩不远万里来到中国，用行动诠释了医生这个职业的伟大；许振超几十年如一日，在吊桥装卸这个平凡的岗位上创造了奇迹；一代诗圣杜甫更是将写作定格在"为人性僻耽佳句，语不惊人死不休"的坐标上。如果说敬业的前提是爱岗守业，那么敬业的升华就是乐业奉献。那句"春蚕到死丝方尽，蜡炬成灰泪始干"，不正是乐业奉献精神的生动写照！很多时候，或许我们的辛勤付出没有得到认可，或许我们的心酸委屈没人可以理解，但只要我们坚定责任这份信念，就会爱岗敬业、尽职敬业。无论工作轻重，无论岗位高低，唯有做好本职工作，才能在工作中担起重任、实现价值。

爱岗敬业是一种内在精神，是一种人生态度。细节决定成败，

精益还要求精，这就是我们"敬业"需要的"精业"。每一个环节，每一个细节都十分重要。在别人眼中，做好了的事都是小事，做错了的事都是大事。把每一件简单的事做好就是不简单，把每一件平凡的事做好就是不平凡。俗话说："差之毫厘，谬以千里。"

爱岗敬业，说起来容易做起来难，真正的"爱岗"并不是容易做到的。但如果我们能牢固树立"爱岗要敬业、敬业要精业""干一行、爱一行、精一行"的信念，切实增强工作责任感和主动性，高标准、高质量地做好各项工作，爱岗敬业又是容易做到的。爱岗敬业不应该是心安理得地在自己的岗位上不求上进，无所追求，也不应该是为了自己的追求而看不起自己的岗位。那么，爱岗敬业又应该怎么去做呢？岗位不分高低贵贱，只是不同工作、不同责任的区别，爱岗敬业就应该是我们对工作的不懈追求。固然，拥有它并不一定能拥有辉煌和成功，但我们曾经对待自己的工作激情昂扬，曾经以积极的心态践行我们的岗位职责，就足以让我们自豪。无论工作性质和工作环境怎么改变，坚持踏实做人、勤奋工作的爱岗敬业宗旨永远都不能变。

环境在变，时代在变，爱岗敬业的精神永远不能变！很多时候，我们常常无法改变自己在工作和生活中的位置，但却可以改变我们对所处位置的态度和方式。无论做什么事，都要记住自己的责任；无论在什么岗位，都要对自己的工作负责。若是这样，我们的人生定会因此而更加精彩。

敬业，就是对待工作认真负责，有始有终。

"今天工作不努力，明天努力找工作。"这句话如今已成为很多员工对自己工作角色的共识。要想适应未来社会的发展并走向成功，就要扮演好自己的工作角色。无论一个人担任何种职务，做什么样的工作，他都负有相应的责任。一个人可以逃避承担责任，但他始终难以逃过道德法则和心灵法则对他的惩罚。敬业，能够从中领悟到更多的知识，能从全身心投入工作的过程中找到快乐。

爱岗是人类社会最为普遍的奉献精神。一份职业，一个工作岗位，都是一个人赖以生存和发展的基础保障。同时，一个工作岗位的存在，往往是人类社会存在和发展的需要。所以，爱岗敬业不仅是个人生存和发展的需要，也是社会存在和发展的需要。"爱岗敬业"的实质就是脚踏实地，真抓实干，一步一个脚印地做好工作，应该从思想上提高认识，以新的思想投入到工作中，牢固树立"爱岗要敬业，敬业要精业"的思想，一步一个脚印地做好工作，不断提高企业的形象。

爱岗敬业就是要求人们热爱自己的本职工作，用一种恭敬严谨的态度对待自己的工作。爱岗敬业是人类社会最为普遍的奉献精神，是社会对公民的要求。

一个公民，要做到热爱岗位，敬重职业，就要把自己的理想、追求与党和国家的事业联系起来，在这方面，雷锋同志是我们学习的最好榜样。他把有限的生命，全部投入到无限的为人民服务当中去，学一行，爱一行，专一行，为党和人民作出了突出的贡献，从而成为亿万人学习的楷模。

做到爱岗敬业就是要做到乐业、勤业、精业，用一句通俗的话说就是"干一行，爱一行，钻一行，精一行"。

敬业，就是热爱自己的本职工作。只有做到真正热爱自己所从事的职业，才会对工作充满激情，以最佳的精神状态去发挥自己的

才能，发掘自己的潜能，使自己在工作中更加自信，赢得更多成功的机会。

勤业，就是勤奋学习专业知识，努力钻研自己的本职工作。要做到这一点，一要勤奋，二要顽强，三要刻苦。只有掌握自己职业领域的知识，才会成为一名合格的企业员工。

精业，就是不断提高自己的本职工作的技术、业务水平，高标准，严要求，一丝不苟，使工作更上一层楼。

爱岗敬业是平凡的奉献精神，因为它是每个人都能做到的也是应该具备的；爱岗敬业是伟大的奉献精神，因为伟大出自平凡，没有平凡的爱岗敬业，就没有伟大的奉献。

在工作中不断提高自己的技术水平和业务能力，努力学习新知识、新技术，保持一种旺盛的进取精神，这样才能完美、完善地做好每一项工作。

工作中不能有半点马虎，对待工作要认真负责，工作中一定要耐心、细心，这也是爱岗敬业的表现。工作中每一点小小的疏忽可能会影响整个企业的声誉。

要勇于承担责任，出了问题要及时解决，不能推诿扯皮，贻误时机，造成更坏的影响。工作中，不能计较得失与报酬，要具有创新服务精神。斤斤计较，只顾个人得失，不但会影响个人的工作，也会影响他人的工作。

要树立虽是一名普通的员工，但深知，你的一举一动、一言一行，代表着企业的形象。从走上工作岗位的那一刻起，就下定决心，一定要做一名合格的、优秀的员工。

爱岗，是我们的职责；敬业，是我们的本分；青春，是我们的资本；奉献，是我们的追求。在人生的路上，每个人都在用自己的足迹书写着自己的历史。在改革浪潮汹涌澎湃的今天，许多人正在以无私的工作态度和忘我的敬业精神在自己平凡的岗位上默默无闻、无声无息地奉献着，为自己所从事的事业付出了满腔热忱，捧出了全部真诚，这样的人值得我们去学习和赞扬。他们虽然没有惊天动地的业绩，也没有世人皆知的名誉，但却在自己平凡的岗位上塑造了一种不平凡的敬业爱岗、尽心尽力、勤奋工作的精神。

有人说，你不敬业，我不爱岗，公司照样要开门，企业照样要发展！可是，正是有了一个个像我们这些平凡、敬业的员工，才使得公司不断发展，如果我们敷衍了事，不尽职尽责，将有多少工作出现差错呢？其实，公司生产的各个环节少了我们哪个岗位能行呢？而又有哪个岗位不是由我们这些普通的、敬业的员工组成的呢？敬业爱岗体现在我们每一个平凡的工作日，体现在每一个普通的岗位上。如果我们人人都能成为一个爱岗敬业的人，把工作当成一种享受，把工作当成一种使命，那我们的企业一定会蒸蒸日上，兴旺发达！

作为求职者，敬业精神固然很重要，但是努力提高自己的综合素质，把敬业上升为精业，才是立身之本。时下，不少人不注重业务的精进，求职只问薪酬，干工作不舍得卖力气，开始还混得不错，但随着企业规模的扩大，同类产品的竞争不断加剧，稍不注意就容易被老板炒鱿鱼。也有的人以精业促敬业，从精业走向创业，自己当老板，成就了一番大事业。有专家撰文指出，未来的竞争是"知本"的竞争，也就是人才的竞争。而人才的竞争是知识的竞争。高学历和一专多能的人才将越来越吃香，要做到这一点，唯有

学习、学习再学习，精业、精业再精业。学习是通向21世纪的护照，精业才能在职场中潇洒自如。

爱岗敬业是做人的基本准则，也是职业道德的精髓。其实质就是脚踏实地、真抓实干地投入到工作中，牢固树立"爱岗要尽责，敬业要精业"的工作态度。

对待工作就要兢兢业业

实际上，无论你做什么工作，无论你面对的工作环境是宽松的还是严格的，你都应该严格要求自己，不要老板一转身就开始偷闲，不监督就不工作。在工作中，只有付出自己的努力，幸运的奖励才能落到我们的头上，反之，我们最后只有无奈地品尝工作失败带来的各种不利后果。

"我为别人工作，同时也是在为自己工作"，这个看似朴素的人生理念，能让我们心平气和地将手中的事情做好。当我们的工作有了优异的成果时，当老板让我们做更重要的工作时，我们的工资自然会提高，我们的物质报酬自然会增多，我们还会因此赢得更多的社会尊重，接下来，成功大门将会自然地向我们敞开。

在积极落实上级派遣的任务的同时，不仅能使自己的能力和素质得到提升，使自己更可以信赖，还能很好地维护公司的利益，更能体现自己对工作认真负责的敬业精神。而推托和懈怠不仅会贻误最佳战机，更会损坏企业的利益。

美国前教育部部长威廉·贝内特曾说："工作是需要我们用生命去做的事！"对于工作，我们绝不能懈怠、轻视和践踏它，而应该用感激和敬畏的心情，把它做得更好，而且也能做得更好！

对于每一个单位的领导者来说，谁又不希望把工作交给那些真正能够负起责任的人来做呢？

作为企业的一员，必须时刻牢记：企业的利益永远是第一位的，在工作中绝对来不得任何偷奸耍滑、得过且过的行为，因为，任何有损企业形象的行为都会让企业的利益受损。要杜绝不合格的产品流入市场，积极地维护客户的利益，这些实际上就是维护企业自身的利益。

林洁是一家冰箱厂的一名普通员工。有一次，她下班回家后，忽然想起在装最后一台冰箱时，好像没有放进说明书，这让她坐卧不安。当时，天已经很晚了，公共汽车也没有了，家离工厂又很远，但是她实在放心不下，就让母亲陪着自己，步行了40多分钟赶到厂里，经过仔细查看，直到确认说明书已经放好，这才又踏实地走回家去。

对工作懈怠，就是对人生懈怠，就是对自己不负责任。很多时候，我们会发现随着时间的推移，一个人对一件事的热情会逐步消退。就拿设计师的工作来说，每天无非就是设计这个设计那个，刚开始设计得好了，自己内心还挺高兴的，觉得自己有进步了，以后会加薪，甭提多高兴了。可是一个月两个月过去了，自己所得到的似乎越来越少，因为设计这份工作，主要是跟几个软件打交道。老

话说得好"熟能生巧"，几个月的实践，设计水平不断提高，甚至已经达到了一个阶段，想要再提升，难度明显加大。而这个时候，进步的空间小了，心中的那份喜悦似乎也越来越少了，因为来自自己和外部的表扬变得越来越少，因为大家觉得你就应该这样。

认真，是一种做事的态度。先哲讲：凡事要认真。古今中外，无论大事小事，要成就一番事业，必须要有一种特别认真的态度。

认真是一种态度，认真是我们对工作的最高追求，而真正悟到它的含义还应是在经历了很多的事情之后。

有一个故事说日本人是这样煮鸡蛋的："用一个长宽高各4厘米的特制容器，放进鸡蛋，加水50毫升左右，盖上盖，打开火，一分钟左右水开，再过三分钟关火，利用余热再煮三分钟，鸡蛋熟了。"日本人就是凭着这股认真劲儿，创造了世界经济史上的奇迹。

一位中学校长在最近几年内认真地开展紧急疏散的预案演习，其直接的效果是在大地震中创造全校无一人伤亡的奇迹。由此，可见认真的魅力。

认真更重要的是一种能力，能够善始善终地把一件事情干好，而且能始终如一地保持一种旺盛的热情和参与意识，把事情认真进行到底，无论如何都是一种能力，而且是一种了不起的能力。不管是谁，不管干什么事情，只有具备了这种能力，才能把认真的态度最终转化成一种预期的成果，把所要做的事情做好。

有些时候，让人苦闷不已。有些时候，内心中情不自禁地呼唤："为什么就没有人理解我呢？"无论是谁，总有他们苦恼的事情，因为人生就是进步与退步的过程。只要我们懈怠了，就难免会退步，不要以为"原地踏步走"不算退步，别的人都在进步，而我们不进步，那就是退步。

有时候，我们会去抱怨为什么领导就不表扬一下我呢，有时候我们抱怨为什么自己业余就没有时间学习呢？其实这些都是冠冕堂皇的借口，真正的问题还在于自己的上进心不强。我们以为对工作懈怠，是对公司的惩罚，其实我们是在惩罚自己。因为我们的懈怠，对公司而言不过是少做点事，但对我们而言，却是少了一年又一年。人生又有几个"一年"呢？所以今日我们的懈怠，恰恰堵死了我们通往光明未来的入口。

所以，无论我们是在印刷行业做事，还是在保险行业做事，抑或是在其他行业做事，我们都要清醒地意识到，我们不是在为别人做事，我们是在为自己做事。我们干得好与不好，对别人的影响甚微，但对我们的未来却影响巨大，如果不懂这个道理，那是要吃大亏的。

作为新时代的员工，我们应该清楚自己要做什么。我们要做的就是兢兢业业地完成领导安排的任务，不折不扣地去落实既定的工作目标。工作是安身立命之所在，既然有了一个发挥才能的平台，忠于职守、勤勉尽责就是最好的职业操守和道德品质。每个人的岗位不同、分工不同，所担负的责任有大小之别，但要把工作做得尽善尽美、精益求精，就离不开强烈的责任感。有了责任感才能敬业，自觉把岗位职责、分内之事铭记于心，知道该做什么、怎么去做；有了责任感才能尽职，一心扑在工作上，有没有人看到都一样；有了责任感才能进取，不因循守旧、墨守成规、原地踏步。

精益求精是每一位老板都十分看重的职业精神，如果一名员工

不能认真地对待自己的工作，不能在工作中做到精益求精，那么他就不可能是一个尽职尽责的员工。

认真工作是提高自己的最佳方法。可以把工作当成我们的一个学习机会，既可从中获得很多知识，还可为以后的工作打下坚实的基础。认真工作的员工不会为自己的前途操心，因为他们已经养成了一个良好的习惯，到任何公司都会受到欢迎。相反，在工作中投机取巧或许能让我们获得一时的便利，但却在心中埋下了隐患，从长远来看，是有百害而无一利的事。

很少有人可以生来就财富加身，平民出身的富豪却并不少见。每个人都渴求转变命运的机遇，有时机遇可能就在我们自己身上。只要正视自己的责任，勤勉不懈；只要一丝不苟面对自己的工作，兢兢业业地做好自己的工作，相信我们就会得到自己渴求的美好的机遇。

敬业是提升自己的最佳途径

无论多么小的事，都能够比别人做得好，这就是敬业，就是负责任。敬业，就是尊敬、尊崇自己的职业。如果一个人以高度的责任感对待职业，那么他就会对自己的职业产生敬畏之心，这就是敬业精神。

敬业的员工，知道自己工作的意义和责任，并且永远保持着全力以赴的工作态度。他们在为企业创造价值和财富的同时，也在不断丰富和完善自己的职业人生。一个企业的成败与否，与这部分员工有着密不可分的联系。他们是每一个企业、每一位老板都极力寻求的人才，他们才是所有组织最器重的员工！

每个企业和员工个人都能在心态这个内在竞争力方面狠下功夫，我们的企业就会有更大的发展动力。一个心态积极、敬业负责、团结协作的现代团队，一定会在激烈的竞争中赢得更多的成功和更大的成就。

责任能让人敬业，责任能传递诚信，责任能做到尽职，责任能激发潜能，具有责任感的员工不需要强制，不需要责难，甚至不需要监督。他们将金融工作内化为自身需要，把职业的责任升华为博大的爱心，于平凡中创造奇迹。

一个人是否有作为不在于他做什么，而在于他是否做好自己的本职工作，是否做到：干一行，爱一行，精一行，也就是看他是否敬业。敬业是传统职业道德的基本原则。敬业精神就是要求我们恪守职责，扎实、勤恳地做好本职工作。在市场经济不断走向深入的今天，敬业是一种职业态度，也是职业道德的崇高表现。

在工作中，我们应该如何把自己变得更加敬业，使自己成为受企业欢迎的人呢？以下是在自我提高敬业度时，应该采取的态度和应该具备的能力。

工作态度是衡量一个员工是否敬业的重要标准，一个员工的基本工作态度是热爱本职工作、积极主动、有责任感、干事不拖拉，能对本职工作尽职尽责。某位成功的女企业家曾说，她在招聘员工的时候，雇用与否取决于应征者的态度。她说："现在员工的敬业精神比我们以前差多了，首先工作态度就不对头，一来就先问在公

司的发展机会，还有一年有几天年假、公司有什么福利等问题。"这位女企业家在年轻刚踏入社会时，根本不计较做什么工作，而且只要是公司的事，她都乐意去做，人家不想做的她也愿意做，还欣然接受额外加班的时间。几年下来，她摸透这个产业后便自行创业，现在是非常成功的女企业家。

当然她说的多少有些偏激，因为随着时代的发展，员工要求的可能都不一样，但却在一定程度上反映了工作态度对塑造敬业精神的重要性。

作为一名称职的员工，热爱本职工作是各行各业工作者职业道德的基本要求，也是成就个人理想的基本要求。如果一个人连他自己所从事的本职工作都不热爱，那么他就不可能敬业，也不会自觉地去钻研本职业务，这样，他的工作质量和效率也就不可能提高。

需要指出的是对于那些人们比较喜欢的条件好、待遇高、专业性强、任务又轻松的工作，做到爱岗敬业相对比较容易。但如果因为岗位的需要而把一个人放在对于那些工作环境艰苦，繁重劳累或是工作地点偏僻，工作单调，技术性低，重复性大，甚至还有危险性的工作要做到爱岗敬业就不容易了。在这种情况下，热爱这些岗位并在这些岗位认真工作劳动的人就是企业真正需要的人。衡量一个人是否敬业，就是无论把他放在哪一个岗位上，他都能够兢兢业业、任劳任怨地发挥自己的智慧和才干。

所以说，敬业，就是要尊重自己的工作，工作时要投入自己的全部身心，甚至把它当成自己的私事，无论怎么付出都心甘情愿，并且能够善始善终。如果一个人能这样对待工作，那一定有一种神奇的力量在支撑着他的内心，这就是我们现在熟知的职业道德。

在人类历史上，职业道德一贯为人们所重视，尤其是在经济发展日新月异的今天，它更是所有想成就一番大业者不可或缺的重要条件。要赢得人们的尊重，就要有基本的职业道德，要有敬业精神，否则，即使你有一流的工作能力，也会因为缺乏敬业精神而遭到社会的遗弃。

总之，任何一家想竞争取胜的公司都会设法使每个员工敬业。没有敬业的员工就无法给顾客提供高质量的服务，就难以生产出高质量的产品。然而，无论我们从事什么行业，无论到什么地方，我们总是能发现许多投机取巧、逃避责任、寻找借口的人，他们不仅缺乏一种神圣的使命感，而且缺乏对敬业精神一般意义上的理解。

成败往往取决于一个人的人格。一个勤奋敬业的人也许并不能获得上司的赏识，但至少可以获得他人的尊重。那些投机取巧的人即使利用某种手段爬到一个高位，但往往被人视为人格低下，无形中给自己的成功之路设置了障碍。不劳而获也许非常有诱惑力，但很快就会付出代价，他们会失去最宝贵的资产——名誉。诚实及敬业的名声是人生最大的财富。

遗憾的是，我们当中总是有那么一部分人，他们工作时游手好闲，偷工减料，借口满天飞，还一点都不知道悔改。也许，在他们的脑海中根本就没有敬业这个词，更不会想到把职业当作一项神圣的使命。

一个颇有才华的年轻人，若工作散漫、缺乏敬业精神，这种人永远得不到尊重和提升。人们往往会尊敬那些能力中等但尽职尽责的人，而不会尊敬一个能力一等却不负责任的人。

公司或企业不断发展，这是每个人的敬业所导致的最直接的结果，但更重要的是，个人也会获得巨大的利益，这是不能用金钱来衡量的。

也许，我们在工作中的勤奋努力被老板忽视了，但是，我们的同事是很清楚的，他们会因此而尊敬我们；那些工作马虎，却能玩弄各种手段爬上领导岗位的人，虽然可以得到暂时的荣耀，却必将遭到同事的轻视，也会因此而毁了自己的前程。投机取巧也许会使我们一夜暴富，但也会让我们付出惨重的代价，使我们臭名昭著。好的名誉是一个人走向成功的加速器，它是笔巨大的无形资产。

一个人的成长与事业发展同步，特别是当这个平台是一个优秀团队时，人的成长将更加迅速。作为员工，真正融入企业团队中去，就是要奉献自己的忠诚、敬业，真正地爱岗、爱企业。作为企业，也愿意接纳这样的员工，为他的继续成长，为他的职业未来提供一个更广阔的发展平台。

员工与企业，相互依存。员工的爱岗爱企，忠诚敬业，最终的受益者还是自己，让自己的成长与事业的发展处于同一平台之上，这是获取成功的最佳保障！

敬业让我们出人头地

爱岗就是热爱自己的本职工作，能够为做好本职工作尽心尽力。敬业就是用一种恭敬严肃的态度来对待自己的职业，对自己的工作专心、认真、负责。爱岗敬业是一个从业者做好本职工作的重要前提。无论从事什么职业、什么工种的工作，爱岗敬业都是最可贵的职业品德。

一家公司，在从无到有、从小到大、从弱到强的发展过程中，经理与员工敬业精神的和谐统一是非常必要的一个过程。我们缺的到底是什么呢？这个问题我们不止一次地扪心自问。然而，答案无非是员工尽职尽责，领导无方，市场开拓过于凶险……我们也不断地说服自己，这些就是原因。

要想成功，首先要敬业。不要怕给自己找麻烦，并且要把找麻烦坚持下去，坚持成为一种习惯。一定要敬业，敬业不是一天两天的热情，不是一种灵感突现的激情。敬业是一种个人素质，一个敬业的人，会让我们觉得这是一个可靠的人，很有责任感。这样的人，至少让我们相信他是一个可信赖的朋友。生命中拥有这样的朋友，对人对己都是一种财富。

爱岗敬业，这四个字对我们大家来说，一定是再熟悉、再简单不过了。可怎样做好这四个字，怎样把这四个字切实地体现在我们

的工作中，体现到我们的行动上呢？

敬业不是加班加点，敬业不是任劳任怨。敬业是把自己的工作当成一种精神享受的人生体验。它表现在工作中就是勤奋和主动，就是节俭和意志，就是自信和创新。加班再多而没有效率那不叫敬业，不顾健康而忘命地工作那不叫敬业，只是机械地劳动而不用脑子，没有创新那也不叫敬业。

作为公司的一名员工，我们所从事的各项工作，尤论什么岗位都有着不同的工作职责和工作要求，岗位职责要求我们每个干部、职工必须在其位，谋其政，恪尽职守，认认真真地做好本职工作。因此，以高度的"责任感"认真履行好各自的岗位职责正是做到"爱岗敬业"的关键所在。

一名优秀员工身上所必备的品质，就是敬业。"敬业"二字的内容很广，勤奋、忠诚、服从、纪律、责任、关注等都在其中。一个人如果敬业，那么他就会变成一个值得信赖的人，一个可以被委以重任的人，这种人永远不会失业。

其实，一个人能力的大小，其知识水平占20%，专业技能占40%，而另外的40%就是责任。这里40%的责任，就是一个人的敬业精神，也可以和我们一直强调的"主人翁精神"画等号。

一般情况下，初涉职场的年轻人都有这样的感觉，自己做事是为了老板，是在为老板挣钱。其实，这都是情理之中的事，如果我们的老板不挣钱，你又怎么可能在这家公司继续待下去呢？但也有些人认为，反正是在为别人干活，能混就混，公司亏了也不用我来承担责任，有时甚至还会扯老板的后腿。实际上，这样做对老板、对自己都没有任何好处。

事实证明，敬业的人能够从工作中学到比别人更多的经验，而这些经验就是我们"向上发展的阶梯"。就算以后自己更换了工作，从事不同的职业，丰富的经验和好的工作方法也必会为我们带来强有力的帮助，我们以后从事任何行业都会很容易获得成功。

如果一个人以一种虔诚的心灵对待职业，甚至对自己职业也有一种敬畏的责任感，他就已经具有敬业精神了。

天职的观念会使我们的职业具有神圣感和使命感，也会使我们的生命信仰与工作紧密地联系在一起。只有将我们的职业视为自己的生命信仰，那才是真正掌握了敬业的本质。

一个随时以公司利益为重的人，必然是个敬业的人，也是一个不光为别人打工，同时更是为了自己而努力工作的人。当我们在为公司努力工作时，公司的利益和个人的利益在此便画上了等号。所以，成功的起点首先要热爱自己的工作。优秀的员工都会为自己的工作感到荣耀和欣慰。

"超越平庸，选择完美。"这是一句值得我们每个人一生追求的格言。有无数人因为养成了轻视工作、马马虎虎的习惯，以及对待工作敷衍了事的态度，终致一生处于社会底层，付出不能出人头地的惨重代价。

成功者和失败者的分水岭在于：成功者无论做什么，都力求达到最佳境地，丝毫不会放松；成功者无论做什么职业，都不会轻率疏忽，而失败者则恰恰相反。

我们工作的质量往往会决定我们生活的质量。在工作中我们应该严格要求自己，能做到最好，就不能允许自己只做到次好；能完成百分之百，就不能只完成百分之九十九。不论我们的工资是高还

是低，我们都应该保持这种良好的工作作风。

无论从事什么行业，只有全心全意、尽职尽责地工作，才能在自己的领域出类拔萃，这也是敬业精神的直接表现。

李东本科毕业后被分配到一个研究所，这个研究所的大部分人都具备硕士或博士学位，李东感到竞争压力很大。工作一段时间后，李东发现所里大部分人都不敬业，对本职工作不努力也不认真，敷衍了事，老想着到外面多赚点外快，把在所里上班当成混日子。

李东没有像他们那样，他一头扎进工作中，从早到晚全身心投入到业务当中去，还经常加班加点。李东的业务水平提高很快，不久就成了所里不可或缺的人物，并逐渐受到所长的重用，时间一长，更让所长感到离开李东就好像失去左膀右臂。没过多久，李东便被提升为副所长，老所长年事已高，所长的位置也在等着李东。

如果老板的周围缺乏实干敬业者，我们如果具有强烈的实干敬业精神，那么老板最想提拔的人肯定会是我们。

任何一家公司、任何一个老板，都想自己的事业兴旺发达。这样，他就自然而然地需要一个、几个乃至一批兢兢业业、埋头苦干的下属，需要一些具有强烈敬业精神和强烈责任感的下属。

从这一点来说，敬业的员工，是老板最倚重的员工，也是最容易成功的员工。如果我们的能力一般，敬业可以让我们走向更好；如果我们十分优秀，敬业会将我们带向更成功的领域。

要做到敬业，就要求我们有所谓的"三心"，即耐心、恒心和决心。任何事情都不是一蹴而就的，不可只凭一时的热情、三分钟热度来工作，也不能在情绪低落时就马马虎虎、应付了事。特别是在平凡的岗位上要做到长期爱岗敬业，更需要坚忍不拔的毅力。

敬业是一种积极向上的人生态度，而兢兢业业做好本职工作是敬业精神最基本的一条。有人说，伟大的科学发现和重要的岗位，容易调动敬业精神；而一些普普通通的工作，想敬业也敬不起来。但现实并非如此，在这些人眼里，房屋维修工作和公共汽车售票员工作再普通再平凡不过了，但徐虎、李素丽并没有看不起这份工作，他们发扬敬业精神，在平凡的岗位上作出不平凡的贡献。只要你有敬业精神，任何平凡的工作都可以干出成绩。

敬业让我们一生受益

热爱工作，尊敬事业。优秀员工是随时随地热忱且精神饱满的员工。因为人的热忱是成就一切的前提，事情的成功与否，往往是由做这件事情的决心和热忱的强弱而决定的。碰到问题，如果拥有非成功不可的决心和热忱，困难就会解决或者变小。同时，优秀的员工从来不以完成任务的心态对待工作，而是以追求卓越，做到最好的标准来要求自己。

要有积极、主动的态度。每个人都是自己命运的设计师。我们的人生不受制于所遭遇的环境，而是受制于我们所抱持的态

度。当我们用积极的思想去面对人生中的遭遇时，我们就会有积极的行动，也就可能得到积极的结果。优秀的员工都是具有积极思想的人。这样的人在任何地方都能获得成功，而那些消极、被动地对待工作的员工，在工作中寻找种种借口的员工，是不会受到企业欢迎的。

时刻牢记企业的利益。一个员工，如果不把企业利益摆在首位，哪怕他有再大的能耐，也不能算是优秀的员工。我们既然选择了这项工作，就要将它视为自己的事业。一个时刻只为自己着想的自私的人，是难以取得大成就的。

为工作设定目标，并全力以赴地去达成。一个人如果没有目标，就没有方向感。一个企业的员工如果在工作上没有目标，没有计划，而只是按照上司吩咐的说一句动一下，缺乏主动性和创造性，这样的人是无法在工作上取得突出成绩的。好员工的奋斗目标既有长期的，也有短期的，一个人的目标决定着一个人的成败。所有的成功都是下一次奋斗目标的起点，这样你才能不断进步，不断成长。

调控情绪，用心做事。人们常说：凡事需用心。当一个人真正用心做事的时候，他就会一丝不苟地把事情做到最好。要学会"修身养性"，当受到来自外界刺激或不利影响时，要学会控制和调节自己的情绪。要以向上的心理去战胜消极的心理，以乐观的情绪去克服悲观的情绪，以开朗的心境去克服悲伤的精神状态，使人格不断完善。总之，好的员工应该沉着稳重，遇事冷静思考，乐观豁达。

为团体着想，注重团队精神。优秀的员工都明白，所有成绩的取得，是团队共同努力的结果。只有把个人的实力充分与团队结合形成合力，才具有价值和意义。团队精神是优秀员工最重要的一种精神，也是企业界反复倡导的精神。

注重个人形象，维护企业声誉。优秀的员工不论是在企业还是在其他地方，他们都非常注重自己的形象，同时极力维护所在企业的声誉。因为他们明白，在别人面前，自己的形象就代表着整个企业的形象。

如果我们渴望成为一名优秀的员工，渴望获得更高的职位、更大的成功，那么，就要在实际工作中去实践，真正成为企业最杰出的员工。

好员工不光要具备良好的综合素质，还要学习，再学习，不断地学习，努力学习，增强业务能力，才能使工作不断进步。做个优秀的员工当然需要我们做得更多，做得更好，需要我们坚持不懈，努力奋斗。让我们共同努力，爱岗敬业，追求卓越，成为一名优秀的企业员工。

爱岗敬业是对从业者的基本要求，也是职业道德的基本要求，同时也能充分体现从业者的人生价值。

爱岗敬业，看似平凡，实则伟大。一份职业，一个工作岗位，是一个人赖以生存的物质基础和生活的保障，同时每一个工作岗位的设置也是社会存在和发展的需要。

韩剧《大长今》中的主人公徐长今，她历经磨难，无论安排做什么工作，都能够做到干一行爱一行。她坚定而执着的信念，最终超越了自我，成了韩国历史上在烹饪、中医药等方面卓有成就的典范。作为企业的每一名员工，无论在哪一个岗位上，都应干一行爱一行，急工作之所急，想工作之所想，发挥最大的潜能，力争卓越，为公司的发展作出最大的贡献。

优秀员工不管职位高低都应是企业的优质人力资源，他以其优良品质为企业作出了突出贡献。世界著名管理大师彼得·德鲁克有这样一段耐人寻味的管理名言："一个重视贡献为成果负责的人，不管他的职位多么的卑微，他都属于'高层管理者'。"它充分说明了对敬业者的高度信任和尊重。敬业爱岗，忠诚守信，拥有良好的人际关系和团队精神，主动、出色地完成任务，注重细节，精益求精，不找借口，千方百计找方法提升工作效率，具备较强的执行能力，时刻为企业提供好的建议，永远维护企业形象，与企业共命运……这就是优秀员工的品质形象。读着这句话，做着比较，让我们看清了自身的差距。从平凡到优秀，从优秀到卓越，说起来容易，但做起来并不简单。对于我们每个员工来说，只要我们自觉地把工作和生活当成学习、创新、创造的过程，并主动积极地付诸行动，我们就会不断地提高和进步。今天的平凡不代表着明天不优秀，只要我们用心去做，在日常工作中去积累，距离卓越还会远吗？现在公司各方面的条件越来越好，给每一个员工搭设了一个很好的平台，让每一个员工最大限度地发挥自己的潜能，将个人的追求融入企业的总体目标中，只有协调一致充分发挥团队的整体威力，才能产生1+1＞2的效应。所以，为了工作我们要"爱岗敬业，力争为了当一名优秀员工而努力工作。

点燃激情，敬业奉献

工作到底是什么？有人会这样问。翻开各国的权威词典，我们可以发现，它们的解释几乎惊人地相似：工作是上帝安排给我们的任务，工作是上天赋予我们的使命。虽然这种解释带有宗教色彩，然而，它们却传达出了一个共同的思想：没有机会工作或不能从工作中享受到乐趣的人，就是违背上天意志的人，他们不能完整地享受到生命的乐趣。

可以这么说，一个人在这个世界上选择什么样的工作，如何对待工作，从根本上说，不是一个关于做什么事和得到多少报酬的问题，而是一个关于生命的价值和意义实现的问题。

我们发现，生活中很多人对待工作的态度是那样的让人担忧，很多的人是在混日子、应付工作甚至糟蹋工作，或不知道该怎样对待工作。

对绝大多数人而言，事业是他们生命中最重要的部分。因此，敬业是一种人生态度，是珍惜生命、珍视未来的表现。如果在我们的工作中没有了职责和敬业，我们的生活就会变得毫无意义，所以，不管我们从事什么样的工作，平凡的也好，令人羡慕的也好，都应该尽职尽责。

工作就是付出努力以达到某种目的的活动。如果工作能够充分表现我们的才能，那么，这样的工作应该就是令人满意的工作了。工作是一个施展自己才能，展现自我的舞台。我们寒窗苦读的知识，我们的应变力，我们的决断力，我们的适应力以及我们的协调能力等，都将在这样的一个舞台上得以展示。除了工作，相信没有哪项活动具有如此高的充实自我、表达自我，以及强化个人使命感的机会。

下面的这个故事很多人应该不是第一次看到，但是故事背后的意义却值得我们深刻反省。

一位心理学家为了了解人们对于同一工作在心理上所反映出来的态度差异，来到一所正在建设中的大教堂，对现场忙碌的建筑工人进行访问。

心理学家问他遇到的第一位工人："请问您在做什么？"工人没好气地回答："在做什么？你没有看到吗？我正在用这个重得要命的铁锤，来敲碎这些该死的石头。这些石头特别地硬，害得我的手酸麻不已，这真不是人干的工作。"

心理学家又找到第二位工人："请问您在做什么？"

第二位工人无奈地答道："若不是为了一家人的温饱，谁愿意干这份敲石头的粗活？"

心理学家又找到第三位工人："请问您在做什么？"

第三位工人目光中闪烁着喜悦："我在参与兴建一座雄伟华丽的大教堂。落成之后，这里可以容纳许多人来做礼拜。虽然敲石头的工作并不轻松，但当我想到，将来会有无数的人来到这儿，在这里接受上帝的爱时，心中就会激动不已，也就不感到累了。"

同样的工作，同样的环境，他们却有着截然不同的感受。可以说，对待工作的态度决定着他们的敬业程度。

故事中的第一位工人，是一个无可救药的人。在不久的将来，他可能失去这份工作。

第二位工人，没有真正弄明白工作的价值和意义，他是一个对工作没有责任感和奉献精神的人。他抱着为薪水而工作的态度，只是为了工作而工作，他或多或少失去了一部分生命的乐趣。

那么，我们该怎么评价第三位工人呢？在他身上，我们看不到丝毫抱怨的影子，相反，他是一位具有高度责任感和奉献精神的人，他真正弄明白了工作的价值和意义，他充分享受着工作的乐趣和荣誉。可以说，他才是最优秀的员工，是每个组织最需要的人。

工作占据了我们生命中的大部分时间，影响着我们的一生。假如我们在工作岗位上得不到尊严与快乐，那么我们的人生只能是暗淡无光、毫无希望可言。

我们对工作的态度如何呢？也许在过去的岁月里，有的人对工作会时常怀有类似第一位或第二位工人的那种消极看法，常常抱怨，四处发牢骚，生活在一种对生活的无奈和抱怨中，对自己的工作没有丝毫激情。不过，这并不重要，因为那已经是过去的事了。重要的是，从现在开始，我们未来的态度将如何，我们的工作态度将有怎样的转变。

让我们像第三位工人那样，为拥有一个工作机会而心存感激，为生命的尊严和人生的幸福而努力工作。工作从端正态度开始，端正了态度工作自然将有回报。

第四章

认真负责——对工作负责的关键就是认真

在工作中，只有认真对待每一件工作，才能将工作做到最好，才是对工作，对自己的真正负责。在工作中，要尽自己最大的努力来求得不断的进步。这不仅是一种工作的原则，也是一种做人的准则。

认真工作，一心不能二用

对待工作中的任何事情，我们都应该抱以认真、严谨、一丝不苟的态度。只有这样，我们才能够获得自己需要的、最准确的答案，更好、更完美地完成手头的工作。当然，我们也能赢得他人的信任，获得自己人生和事业上的成功。

我们都应该感谢工作带给自己的好处：工作不仅能让我们赚到养家糊口的薪水，同时工作中的任务能磨炼我们的意志，拓展我们的才能。没有工作，我们寒窗苦读得来的知识，就无法得到展示；没有工作，我们长期培养的能力就无法得到提升；没有工作，我们就难以品味工作中的乐趣、享受工作带来的荣誉；没有工作，我们又怎能赢得他人的认可与社会的尊重。一旦失去工作这个舞台，生活将变得黯然失色，没有快乐和意义可言。

工作真正的价值所在，是在工作中得到提升，获得更多的技能和经验，眼前只有面包的人，停留在最低层次的需求层面，不可能在工作中获得更多的东西，这也不利于工作能力的提高。一个缺乏能力的员工，工作也不可能干得出色。

我们掌控不了自己的薪水，但却可以掌控自己对工作的态度，只要我们愿意，没有人能阻拦我们为自己的未来所做的努力。努力工作的背后，我们收获的是丰富的思想、智慧的增进及丰富的阅历，这些都是我们成就明天不可缺少的资本。

做事不认真，处处投机取巧，随时担心自己所耗费的精力和时间已经超过薪水的报酬，因为没有额外的津贴，便不肯多动手，不肯多提出一些改进的意见。这种员工，任凭他的学识怎么丰富，本领怎么大，也绝对不可能会有出头之日。

对企业来说，认真是至关重要的。同样的，对一个员工来说也是如此，认真其实就是一种工作态度。看不到细节，或者不把细节当回事的人，必然是对工作缺乏认真的态度，对事情只是敷衍了事。

这种人无法把工作当成一种乐趣，而只是当成一种不得不受的苦役，因而在工作中缺乏热情。他们只能永远由别人分配给自己工作，甚至即便这样也不能把事情做好。这样的员工永远不会在企业中找到自己的立足之地。考虑到细节、注重细节的人，不仅认真对待工作，将小事做细，而且注重在做事的细节中找到机会，从而使自己走上成功之路。优秀员工与平庸者之间的最大区别在于，前者注重细节，而后者则忽视细节。

把握细节并予以关注是一种素质，更是一种能力。对细节给予必要的重视是一个人有无敬业精神和责任感的表现，若能从细节中发现新的思路，开辟新的领域，更能体现出一个人的创新意识和创新能力，不管是前者还是后者，都是老板所十分看重的。

我们应该把做好工作当成义不容辞的责任而非负担，要认真对待、注重细节，不能有半点马虎及虚假；做工作的意义在于把事情做完美，而不是做五成、六成就可以了，应该以更高的、大家认同的满意的标准来严格要求自己。

认真，具体地说，它应该符合以下条件。

认真是一种纪律。学会尊重公司的制度，愿意配合团队的规

定，而不是特立独行。认真的人会有良好的生活习惯与工作习惯，而不会常常迟到早退。

认真是一种自我要求。认真的人不只是把手边的工作做好，他还会考虑到前后的关系，他知道事情的来龙去脉，而不只关心自己，他会要求自己也能成为别人协力的好帮手。

认真是一种成本观念。认真的人会从公司的角度来考虑事情，不会因为花的不是自己口袋里的钱而任意挥霍。他会比会计部门更考虑到成本，他不只注重质量，更重视如何用最少的钱来获得最大的效益。认真是一种心头意识。办公室里常常存在着一些"无意识"的员工。他们并不在意公司的发展，甚至对公司的死活无动于衷，而认真的人常常在心头让个人发展与企业发展并行，认真的员工常常和经营者一样有着危机意识。

认真是一种细节功夫。认真的人不会马虎对待任何一个细节，他们不只知道达到目标的意义，更知道一些待人处世的细节，他们会在流程上一丝不苟，也会在人性脆弱处给人们以最贴心的温暖与激励。

有个木匠，精于建筑工艺，他这一辈子不知道建造了多少座精美的木房子，人们都尊敬地称他为"小鲁班"。但随着年龄的增长，"小鲁班"渐渐地老了。有一天他告诉老板，说自己准备退休，回家与妻子儿女共享天伦之乐。

老板舍不得他的好工人走，问他是否能帮忙再建一座房子，老木匠答应了下来。但是大家后来都看得出来，他的心已不在工作上，他用的是软料，出的是粗活，懒洋洋地用了四个月的时间，他终于把这座房子给建好了（如果是以前，大概只要两个月的时间）。房子建成后，他把所有门锁好，拿着一大串钥匙交给老板，说："老板，最后一座房子我也给你做好了，我可以回家了吧？"

老板看着他一副疲惫的表情，把这串钥匙郑重地交还在他的手上，认真地说：

"你在我这里工作了一辈子，这就算是我送给你的礼物吧，从今天起，这就是你的房子。"

听到这句话，"小鲁班"震惊得目瞪口呆，看着老板一点都不像是开玩笑，想起自己做这座房子的态度，顿时羞愧得无地自容。从此以后，"小鲁班"便和他的家人住在这幢粗制滥造的房子里面。

认真是工作敬业的表现。一个缺乏认真负责态度的员工，无论他的学历多高、他的技术多好，他永远都不可能得到公司领导的重用，永远不可能得到别人对他的尊敬。

认真是一种品德，是一种无须别人监督而能将工作做到最好的良好习惯，最重要的是，认真还要有一种持之以恒的精神！每个人都可能会因为公司的体制、待遇、领导的为人等多种原因离开一家公司，但遗憾的是，很多人一旦对公司有一点点不满的情绪，他的工作态度就会立即变得消极起来，企图以此来平衡自己不满的心绪。殊不知这种表现正好揭下了自己虚伪的"敬业"面具，降低了自己的职业道德形象。

一个真正认真负责的人，即使他要离开公司，但只要人还在公

司一天、在岗位上一天，他就不会改变这种认真工作的态度。更有意思的是，有很多时候，也许就在我们打算离开的时候，以前对我们似乎不太关心的老板可能正考虑给我们一个新的机会，但由于我们不能在离开的前夕保持良好的心态和行动，也不去尽最后一份责任，甚至于做出一些有损公司之事，那么我们将失去这个机会。

俗话说，雁过留声，人过留名。一个人在一家公司就应该以一种认真负责的态度对待每一件工作，并且始终保持这种态度。否则，如果没有这种精神，即使到一个新的公司，下一次失去机会的还会是我们。

认真负责是成功的关键

一个人不管才学高低，也不管能力大小，生活都会给他一个立足的位置。这位置在哪儿，对于成功来说并不重要，重要的是我们要保持认真的态度。不管是站在哪个位置上，我们都没理由草草应付，我们都必须尽心尽力。这既是对工作认真负责，也是对自己负责。所以，成功的人很早就明白，什么事情都要自己主动去做，并且要为自己的行为负责。因为在这个世界上，没有人能保证你成功，只有你自己；也没有人能阻挠我们成功，只有我们自己。

无论我们所做的是什么样的工作，只要我们能认真地、勇敢地担负起责任，我们所做的就是有价值的，我们就会获得尊重和敬意。有的责任担当起来很难，有的却很容易，无论难还是易，不在于工作的类别，而在于做事的人。只要我们想、我们愿意，我们就会做得更好。这个世界上所有的人都是相依为命的，所有人共同努力，郑重地担当起自己的责任，才会有生活的宁静和美好。任何一个人懈怠了自己的责任，都会给别人带来不便和麻烦。

我们不仅要对自己负起责任，还要对别人负起责任。正是责任把所有的人联结在一起，任何一个人对责任的懈怠都会导致整个社会链的不平衡。一个员工有时就代表一个公司的整体，所以，我们不要以为自己只是一名普通的员工。其实，我们能否担当起我们的责任，做好我们的工作，对整个企业而言，同样有很大的意义。

作为一名企业的员工，应担负起自身应该承担的责任，在遇到困难时能够坚持，在获得成功时保持冷静，在面临绝望时不会放弃。当我们怀着执着的信念和强烈的责任感和使命感去对待我们所做的每一件事时，就一定能够感受到责任所给我们带来的巨大力量。

毛泽东曾经说过：世界上怕就怕"认真"二字。的确，一个人只要有认真负责的态度，就会随时保持紧迫感，会经常反思自己是否做好了分内的事情，会经常思考改进、完善工作的方法。

张海是一家家具厂的采购员。由于企业计划进一步扩大生产规模，为了提高产品质量以增强市场竞争力，企业决定从东北地区引进一批优良木材，于是，公司派张海去采购这批木材。有人很羡慕他能有如此"美差"，因为这次公司采购的份额很大，只要在报价上略施小计，肯定能捞不少的"外快"。

到了东北以后，张海并没有直接去找供货商联系，而是先到

木材市场做了一番深入细致的调查。他联系到了几个同行，大家在一起交流后，张海发现自己所要采购的这批木材的市场价格比供货商开出的价格要低五个百分点。于是，张海对市场作了进一步的研究分析，很快得到了供货商的价格底线。

张海并没有隐瞒这个事实，立即将自己所掌握的信息向公司作了汇报，在接到公司要求张海全权负责的通知之后，他开始找供货商谈判。由于已经对市场作了调查，张海并没有被供货商的花言巧语所迷惑，最终以很低的价格签订了购买合同。

基于张海对公司作出的贡献及对工作认真负责的态度，他很快受到了公司的重用，被任命为供应部门的主管经理。

不过，要怎样做，才能够将潜藏在自己身上的能力挖掘出来呢？这首先就需要我们对工作树立责任感。

比方说，一个人想要改善自己的生活状况，让自己的事业取得更大的成就，那么他就要在工作与生活中对自己的行为切实地负起责任。在日常工作中，不仅要做好上司安排自己去做的事，还要积极主动地去做一些应当做的事。无论是公司的需要，还是客户的要求，都应当充分发挥自己的主观能动性，尽自己最大的努力做好工作。

只要有了这种想法，我们觉得极为平凡的工作，也会逐渐变得有趣起来。一个人越是认真负责地专注于自己的工作，从中学到的东西也就会越多。不过，要想树立责任感，通常不是那么容易就能做到的，需要从许许多多的小事中慢慢积累起来。因此，在工作中，如果不管多么小的事情，我们都能够做得比其他人好，那么就说明我们已经把责任感根植在自己的内心深处了，我们的能力也会因此而得到开发和提高。在工作与生活当中，只有具备责任感的员工，才会表现得更加出色和卓越。

我们不妨再看一则故事。

有两个小伙子，同时到一家公司参加面试，他们的表现可以说都非常优秀，很难分出高低，公司却只能录取其中一位。作为面试官的总经理就说："这样吧，我交给你们一个任务，你们去非洲的一个小岛上，将我们公司这次生产的皮鞋销售给那里的人，回来以后，我想看看你们的业绩如何。"

于是，这两个年轻人同时出发去了非洲。一个月之后，他们回来了，第一个人说："不是我卖不出去皮鞋，可重要的是，生活在那里的人根本就不穿鞋，我们怎么会有市场呢？去那儿推销皮鞋，根本就是在浪费精力。您若是早点告诉我那里的人都不穿鞋的话，我就不会去那里了。我认为，一个聪明的人应当到一个适合自己的地方去工作，而少走或者是不走弯路，这就是我的答案。"

到了第二个年轻人，他则显得十分高兴。他对总经理说："那里有广阔的市场前景，完全出乎了我的预料。原来那里的人根本就不知道穿鞋的好处，刚开始我先让他们试穿一下，感觉好了就买，感觉不好也没有关系，还可以退回来。但是令我想不到的却是，当他们穿上鞋子以后，就不想再脱下来了。我们这次生产的皮鞋，全部都被他们给订购了。而且，我还带回来了一笔非常大的订单。"第二个人用自己的实际行动，给了总经理一个满

意的答案。

在此时，结果已经是非常明显了。总经理总结性地说道："真正的人才，绝对不是自封的，而是确实能创造出个人价值的。第二个青年用他自己的实际行动告诉我，他值得被重用，因为他能正视现实，努力做好自己的工作，并能够成功地完成任务。这就是他的责任与能力之所在，也正是由于他对工作的责任感，才让他的能力表现得这样卓越。"

相信无论是哪位老板，都会喜欢第二个年轻人，他确实值得被重用，因为他是一个能对工作负责到底的人。也是由于认真负责的态度，才让他最终获得了器重。

在公司里，作为一名员工，自己应当做的事情必须按质按量地完成。不要认为自己不去做，别人就会来做，也不要觉得自己不负责任，别人不会发现、不会对公司有任何影响。我们在信守责任的同时，也是在信守一个人的人格与道德。

责任伴随着一个人的事业发展全过程，害怕承担责任的人是永远不可能担当重任的。英国首相丘吉尔有句名言：伟大的代价就是责任。对于职场人而言，事业的成功也是责任。工作即责任，做一份工作就必须要承担一份责任，敢于担责也是一个职场人最基本的素质要求。无论工作是什么，岗位处于怎样一种级别，既然选择了这份工作，站到了这个岗位之上，那就必须要有负责到底的决心与毅力，因为这种选择也就是责任的选择，不可推卸，不容逃避。放弃责任，也就等于放弃了自己工作的权利，放弃了事业发展的前景。

主动负责，不找借口

获得事业上成功的人，其实也只是在于他们比别人多做了一点，多努力了一点，多奉献了一点。无论我们现在做的是什么工作，都应该静下心来，脚踏实地去做。只要我们把时间花在那里，就会在那里看到成绩，只要勇于负责，认认真真地在做，我们的成绩就会被大家看在眼里，我们的行为就会受到上司的赞赏和鼓励，我们的业绩就会使我们在同事面前赢得认同。

有些人在工作中出现错误时，就会找出一大堆借口来为自己辩解，并且振振有词，头头是道。犯了错误，不肯承认自己的错误，反而找借口为自己开脱、辩解，归根结底是人性的弱点在作怪。他们认为找借口为自己辩护，就能把自己的错误掩盖，把责任推个干干净净，但事实并非如此。

事实上，一个人再聪明、再能干，也总有失败犯错误的时候。人犯了错误往往有两种态度：一种是拒不认错，找借口辩解推脱；另一种是坦诚承认错误，勇于改正，并找到解决的途径。有责任感的员工深知责任不能推脱，会承担起自己应当承担的责任。主动承担责任是我们成功的必备素质。因为每个人都有犯错误的可能，关键在于我们认错的态度。只要我们坦率承担责任，并尽力去想办法补救，我们仍然可以立于不败之地。

在工作当中，一个员工与其为自己的失职找理由，倒不如大

115

大方方承认自己的失职。企业会因为你能勇于承担责任而不责怪我们，相反，敷衍塞责，推卸责任，找借口为自己辩护、开脱，不但不能改善现状，反而还会让情况更加恶化，让别人觉得我们不但缺乏责任感，而且还不愿意承担责任。

毕业于名牌大学的卫杰，有学识、有经验，但犯错后总是自我辩解。卫杰应聘到一家工厂时，厂长对他很信赖，事事让他放手去干。结果，却发生了多次失败，而每次失败都是卫杰的错，可卫杰都有一条或数条理由为自己辩解，说得头头是道。因为厂长并不懂技术，常被卫杰驳得无言以对，理屈词穷。厂长看到卫杰不肯承认自己的错误，反而推脱责任，心里很是恼火，只好让卫杰走人。

其实，人难免有疏忽的时候，没有谁能做到尽善尽美，这是可以理解的。但是如何对待已出现的问题，就能看出一个人能否勇于承担责任。能坦诚地面对自己的弱点，再拿出足够的勇气去承认它、面对它，不仅能弥补错误所带来的不良结果，在今后的工作中更加谨慎行事，而且别人也会很宽容地原谅我们的错误。

一个人犯了错误并不可怕，怕的是不承认错误，不弥补错误。松下幸之助说："偶尔犯了错误无可厚非，但从处理错误的态度上，我们可以看清楚一个人。"老板欣赏的是那些能够正确认识自己的错误，并及时改正错误以补救的职员。

任何一个企业的领导者都清楚，能够勇于承担责任的员工、能够真正负责任的员工对于企业的意义和作用。出现问题后，推卸责任或者寻找借口，都掩饰不了一个人责任感的匮乏。有些人认为错误有失自尊，面子上过不去，害怕承担责任，害怕惩罚。与这些想法恰恰相反，勇于承认错误，我们给人的印象不但不会受到损失，反而会使人尊敬我们、信任我们，我们在别人心目中的形象反而会高大起来的。

丹尼斯是一家商贸公司的市场部经理。在他任职期间，曾经犯了一个错误，他没经过仔细调查研究，就批复了一个职员为纽约某公司生产5万部高档相机的报告，等产品生产出来准备报关时，公司才知道那个职员早已被"猎头"公司挖走了。那批货如果一到纽约，就会无影无踪，货款自然也会打水漂！

丹尼斯一时想不出补救对策，一个人在办公室里焦虑不安，这时老板走了进来，他的脸色非常难看，就想质问丹尼斯怎么回事。还没等老板开口，丹尼斯就立刻坦诚地向他讲述了一切，并主动认错："这是我的失误，我一定会尽最大努力挽回损失。"

老板被丹尼斯的坦诚和敢于承担责任的勇气打动了，答应了他的请求，并拨出一笔款让他到纽约去考察一番。经过努力，丹尼斯联系好了另一家客户。一个月后，这批照相机以比那个职员在报告上写的还高的价格转让了出去。丹尼斯的努力得到了老板的嘉奖。

每一个人在一生中都会或多或少、或轻或重地犯错误，做错事情。从某种意义上说，错误是不可避免的。但是，责任意识会改变一个人面对错误的态度，它会让你能够勇敢地承认自己的错误，承担应负的责任。其实，承认错误、担负责任是每个人都应

117

尽的义务。任何不愿破坏自己名誉、不愿最终破产的人，都必须认真地正确对待错误及担负起责任。这也是每个人都应具备的最起码的品德。

承认错误，担负责任是需要勇气的。这种勇气根源于人们的正义感——人类的自爱。这种自爱之情是一切善良和仁慈之根本。人类的全部活动都受制于人们的道德良心，它使人们行为端正、思想高尚、信仰正确、生活美好。在良心的强烈影响下，一个人崇高而正直的品德才能发扬光大。我们应将承认错误、担负责任根植于内心，让它成为我们心中一种本能的意识。在日常的生活和工作中，这种意识会让我们表现得更加出类拔萃。

成功来自于在错误中不断学习，因为只要我们从错误中学得经验汲取教训，就不会重蹈覆辙。只要我们坚持并且有耐心认识错误，改正错误，弥补错误，汲取经验，我们就能获得成功。

如果我们是一位企业的领导者，就应当这样告诉我们的员工：我们为他们能够承担责任而感到骄傲，我们也愿意为他们承担责任。无论是现在还是将来，我们都会一如既往地做下去。

如果我们是一名员工，应该这样告诉我们的领导：我们很高兴能够为企业承担责任，这会让我们觉得对于企业而言，自己并不是可有可无。相信我们，我们从没有懈怠过自己的责任。

无论是老板，还是员工，大家都在承担着自己的责任。而且无论是谁在承担责任时，都不是轻松的。因为不轻松，所以能够担当责任的人，才是最值得尊敬的。

不找借口是执行力的表现，它体现了一个人对自己的职责和使命的态度。一个不找借口的员工，肯定是一个勇于负责的员工。可以说，工作就是不找借口地去执行。不管做什么工作，都需要这种不找任何借口去执行的人。

找借口就是不认真

责任是最根本的人生义务，只有承担责任，人才会变得强大。一个人如果缺乏负责精神，凡事找借口，那么他其他的能力也就失去了用武之地。

有许多人只想着得过且过，做不好事情，把借口当成敷衍别人、原谅自己的"挡箭牌"；他们宁愿花费时间、精力找借口来逃避，也不愿花费同样的时间、精力来完成工作，把借口作为掩饰弱点、推卸责任的工具，这样往往忘记了自己的职责，人也渐渐变得懒惰。

那些勇于负责的人知道，要想改变自己的生活境况和人生境遇，就要从负责任的角度入手。在美国卡托尔公司的新员工录用通知单上印有这样一句话："最优秀的员工是像恺撒一样拒绝任何借口的英雄！"找个借口，是丝毫不费力的事情，但是这样我们表面上得到了安慰，实际上我们将一事无成。在责任的监督之下，我们就不会再有借口；没了借口，做任何事情都会变得神速。主动承担责任，我们就会得到更多人的支持；拒绝借口，我们就会变得更加出色。只要我们能主动承担责任与拒绝一切借口，那么我们的宏伟事业与美好未来就会诞生。

现代企业用人，不仅重视员工的知识与技能，更重视员工的责任感与使命感。只有那些勇于承担责任的人，才会得到公司与老板的认可，才会受到上司的赏识与重用，才会为同事所接纳与尊敬。优秀企业都非常重视员工的责任感，强调负责任的行为，更强调负责任的态度。只有具有高度的责任感与使命感的员工，才是为着心目中的理想与信念而去工作的人。他们面对困难坚持不懈，面对成功依然冷静，面对绝境毫不放弃。他们不仅不会推诿责任，相反还会自觉地去承担责任，正是他们推动了企业的发展与进步。

借口就是一个推卸责任、掩饰弱点的"万能器"，是一只敷衍别人、原谅自己的"挡箭牌"，它扼杀人的创新精神，让人消极颓废，使人懒惰，遇到困难就退缩，最终丧失执行的能力。无论一个人多么优秀，他的能力都要通过尽职尽责的工作才能完美展现。一个不愿意担负责任而总找借口的人，即使工作一辈子也不会有出色的业绩。

在工作中，我们都曾遇到过这样或那样的困难和问题，这时候，有的人积极地想办法去解决，而有的人则去寻找借口，逃避责任。于是，前者成功，后者失败。但很多人还是把宝贵的时间和精力放在了如何寻找合适的借口上，却忘记了自己的职责和责任。成功的人永远在寻找方法，失败的人永远在寻找借口。当我们不再为自己的失败寻找借口的时候，我们离成功也就不远了！

"没有借口"，就是要想尽办法去完成任何一项任务，而不是为没有完成任务搜肠刮肚寻找借口，哪怕是看似合理的借口。这一理念的核心是认真、敬业、责任、服从、诚实。因此，200年来西点军校培养出了3位总统，5位五星上将，3700余名将官和无数精英人才。在我们的实际生活和工作中，找借口，也是一种不明智的举动。莎士比亚说过："人们可以支配自己的命运，若我们受制于人，那错处不在我们的命运，而在我们自己。"

我们在工作中总会遇到困难和压力，只有开动脑筋想办法，迎着困难闯过去，才是唯一有效的应对之策。西方有句谚语也说："无能的水手责怪风向。"找借口，还是迎难而上，是勇士与懦夫的区别，也是成功者与失败者的区别所在。

借口还是制造失败的温床。乔治·华盛顿说："99%的人之所以做事失败，是因为他们有找借口的恶习。"再好的借口也不能掩饰失败的事实。许多人生中的失败，就是因为那些麻醉我们意志的借口。如果我们立志要让自己赢在将来，那么从现在开始就不要再为自己的失败寻找任何借口。

美国塞文事务机器公司董事长保罗·查来普说："我警告我们公司的人，如果有谁做错了事而不敢承担责任，我就开除他。因为这样做的人，显然对我们公司没有足够的兴趣，也说明了这个人缺乏责任感，根本不够资格成为我们公司的一员。"

就长远看来，习惯于找借口的人所付出的代价非常大，因为这会让人掩耳盗铃，不去寻求失败的真正原因。一个令我们心安理得的借口，往往使我们失去改正错误的机会，更使我们错失成功的机会。福特汽车的创始人亨利·福特，在制造著名的V8汽车时，明确指出要造一个内附8个汽缸的引擎，并指示手下的工程师们马上着手设计。

但其中一个工程师却认为，要在一个引擎中装设8个汽缸是根本不可能的。他对福特说："天啊，这种设计简直是天方夜谭！以

我多年的经验来判断，这是绝对不可能的事。我愿意和您打赌，如果谁能设计出来，我宁愿放弃一年的薪水。"

福特笑着答应了他的赌约："尽管现在世界上还没有这种车，但无论如何，我想只要多搜集一些资讯，并把它们的长处广泛地加以分析和改进，是完全可以设计并生产出来的。"后来，其他工程师通过对全世界范围内汽车引擎资料的搜集、整理和精心设计，结果奇迹出现了，他们不但成功设计出8个汽缸的引擎，还正式生产出来了。

那个工程师只好对福特说："我愿意履行自己的赌约，放弃一年的薪水。"

此时，福特严肃地对他说："不用了，你可以领走你的薪水，不过看来你并不适合在福特公司工作了。"

工程师仅仅凭借自己现有的知识和经验就妄下结论，而不是去积极主动地广泛搜集相关资讯，不去寻找可能的方法，只是一味地找借口，这是他失败的根源。成功者寻找方法，失败者寻找借口。一味找借口毫不思考方法的人，他未来的命运必将堪忧。

培养认真负责的习惯

责任感的培养最忌讳的就是有依赖、消极被动、推诿扯皮的思想。杜鲁门总统的座右铭是："责任到此，不能再推。"被告知过两次后才去做事情的人是很难成功的。

做事有着强烈责任感的人，做事做到位的可能性就大。培养责任感最有效的方法就是无论做什么事都要认真负责，拿出自己的最高水准把它做好。哪怕事情再小，再微不足道，也要认真干好，绝不能出现任何一次敷衍了事，应付差事，只图速度，不讲效果的现象。比如，让孩子刷碗，草草冲洗一遍算是完事，碗上仍留有污点或油腻，就要重洗；扫地，就要扫得干干净净，不留死角；擦桌子，就要擦得一尘不染，光可照人。只有这样做任何事都要认真负责，才能真正培养起强烈的责任意识、责任能力和责任感。

要培养责任感，必须从点滴小事做起，古人云："勿以善小而不为。"对小事的责任感，往往是对大事的责任感的基础，一个人对所谓的小事采取马虎态度，在他的身上是难以养成对大事的责任感的。雷锋之所以伟大，并不在于他做了什么惊天动地的大事，而在于他能一辈子将身边的点滴小事做好，为他人和社会着想，从而达到思想境界的升华。我们要抓紧小事不放松，"积善成德"，责任感的形成只能用"堆积"的办法，通过一点一滴的努力来完成。比如，干净的地面上有一点纸屑，这时你看到就应该自觉地把它捡起来放到垃圾桶里；看到车棚里的车倒了，就去扶一下；看到水龙头由于没拧紧在滴水，就赶紧过去把它拧紧；在学习上要认真完成老师布置的作业，班级交给的具体任务；平时孝敬父母，尊敬师长，关心帮助同学，热爱集体，参加义务劳动等，从这些看似平凡，而实则蕴含高尚情操的小事做起，逐步建立自己良好的责任感。

勇于负责是衡量一个人能力及成熟度的最佳方法之一。一个人只有对自己负责，才能对别人负责，一个对自己都不负责的人，将来肯定一事无成。任何人都应对自己的选择负责，对自己的所作所

为负责。无论生活好坏，都是自己造成的，一个人只有对自己完全负责，才会拒绝找借口，拒绝推卸责任给别人，操之在我，才能勇敢地面对生活，积极进取。

一位记者去采访一位国有企业的老总时，恰好碰上这位老总出来迎接他。

当这位老总经过会客室时，下意识地看了一眼里面，当他发现里面没有人但灯还亮着，就推门进去把灯关掉。其实，为单位节省的电费也到不了他自己的口袋里，但他在举手投足之间，却表现得非常自然，好像只是在做自己该做的事情。

记者后来说："一个关灯的动作，却透出了他长期养成的认真负责的习惯和作风。"

也许，这样的认真令我们有些望而生畏。但试想一下，假如一个人能时时刻刻坚持这种认真负责的态度，直到把它培养成一种作风以及一种深入骨髓的习惯，这时，他会发现：自己完全变了一个样儿，变成了一个坚定、热情、连自己都为自己这种变化而吃惊的真正的高绩效人士。

哈里斯去一家大公司面试的那天，公司总裁找出一篇文章给哈里斯说："请你把这篇文章一字不漏地读一遍，最好能一刻不停地读完。"说完，总裁就走出了办公室。

哈里斯想：不就是读一遍文章吗？这太简单了。他深深吸了一口气，开始认真地读起来。过了一会儿，一位漂亮的金发女郎款款而来，"先生，休息一会吧，请用茶。"她把茶杯放在桌几上，冲着哈里斯微笑着。哈里斯好像没有听见也没有看见似的，还在不停地读。

又过了一会儿，一只可爱的小猫伏在了他的脚边，用舌头舔他的脚踝，他只是本能地移动了一下他的脚，却依然丝毫没有影响他的阅读，他似乎也不知道有只小猫在他脚下。

那位金发女郎再次飘然而至，要他帮她抱起小猫。哈里斯还在大声地读，根本没有理会金发女郎的话。终于读完了，哈里斯松了一口气。这时总裁走了进来问："你刚才注意到那位美丽的小姐和她的小猫了吗？"

"没有，先生。"

总裁又说道："那位小姐可是我的秘书，她请求了你几次，你都没有理她。"

哈里斯很认真地说："你要我一刻不停地读完那篇文章，我只想如何集中精力去读好它，这是考试，关系到我的前途，我必须认真做。别的什么事我就不太清楚了。"

总裁听了，满意地点了点头，笑着说："小伙子，表现不错，你被录取了！在你之前，已经有50人参加考试，可没有一个人及格。在纽约，像你这样有专业技能的人很多，但像你这样认真的人太少了！你会很有前途的。"

果然，哈里斯进入公司后，凭着自己的业务能力以及对工作的专注与热情，很快就被总裁提拔为经理。

如果一个人被别人评价为"认真负责的人"，那他一定是养成

了一种认真负责的好习惯。认真，就是他一贯的风格。哈里斯就是这样的一个人，他认真负责、严谨执行的作风，在面试时自然而然地流露了出来，深深打动了面试他的总裁。

认真的习惯需要日积月累的培养，这看起来很难，其实却很容易做到——只要能坚持。

一只新组装好的小钟放在了两只旧钟当中。两只旧钟"嘀嗒""嘀嗒"一分一秒地走着。

其中一只旧钟对小钟说："来吧，你也该工作了。可是我有点担心，你走完三千二百万次以后，恐怕便吃不消了。"

"天哪！三千二百万次。"小钟吃惊不已，"要我做这么大的事？办不到，办不到。"

另一只旧钟说："别听它胡说八道。不用害怕，你只要每秒嘀嗒摆一下就行了。"

"天下哪有这样简单的事情。"小钟将信将疑地说，"如果这样，我就试试吧。"

小钟很轻松地每秒钟"嘀嗒"摆一下，不知不觉中，一年过去了，它摆了近三千二百万次。

一种习惯作风的养成，其实就这么容易。认真完成一件工作，或者一天的工作，其实也是非常简单的事。我们需要做的，只是能把简单的事坚持下去，这样，认真负责的精神，就会慢慢渗入到我们的灵魂中。

说白了，所谓的责任感，就是调动自己全部的热情，坚持不懈地去做一件事的态度。富有责任感的人，总是认真、严谨地去做事，这是他们共有的工作作风。他们面对的"挑战"，就是把看似容易做的小事坚持下去。这看似容易做的小事，即意味着耐下心来把并不复杂的工作认真做好。

认真才是硬道理

也许是因为"认真"二字我们听过太多次，反而忽略了它的价值和重要性，有些人甚至厌烦与认真有关的所有说教，总梦想着找到一条不需要付出多大的努力就能够取得成功的捷径。

然而，世界上没有任何一项成就是靠投机取巧换来的，没有任何一个人是靠马虎和敷衍就能成功的。马虎和敷衍，正是一些人在工作中走向失败的根源。无论我们从事什么工作，一个细节上的不认真，就会酿成严重的后果。认真，可以让一个普普通通、平平凡凡的人脱颖而出，创造出不凡的业绩；不认真，则会让一个才华横溢、能力超群的人碌碌无为，成为社会淘汰的对象。认真，是成功的真谛，是最有效的通行证。

认真是一种伟大的力量。世界上任何成就，无一不是靠认真努力工作换来的。对待工作中的任何事情，都需要认真的态度，尤其是那些烦琐的小事，更是需要我们以认真的态度去对待。

认真，确实没有懒散来得舒服。然而，试想一下，一个想找到金矿的采矿者，如果他认为在松软的海滩上挖掘比较省力气，因而

下定决心在海滩上寻找金子的话，他找到的肯定只是一堆堆沙子。而只有在坚硬的石头中挖掘，才能找到他想要的宝藏。同样，工作懒散，最后只能得到一张解聘书；只有认真努力，才能换来成长进步的机会与光明的未来。世界上任何真正的业绩和伟大成就，无一不是靠认真努力的工作换来的。

认真，是职场人士必备的成功素质。也就是说，无论从事什么样的职业，我们都应该尽职尽责地对待自己的工作。特别是那些很细小的事情，更是需要以认真的态度去对待。许多人认为小事无足轻重，不值得花大精力去做。殊不知，小事常常事关重大，一件小事的疏忽，就可能引发很大的事故，小事更应该认真对待。很多工作中的问题，就是由于一些小事没有处理好而造成的。

在工作的过程中，事情不论大小，应尽自己最大的努力来对待。认真，才是职业上最重要的实力体现，它比证书、资历更有用，更能证明一个人的价值，因为它是一种"硬实力"。只有养成认真负责的工作习惯，才能把工作做到尽善尽美。在工作中，不要分心，一定要尽职尽责地对待自己的工作，就会变得越来越出色，成为公司里最受器重的人。

有些员工本来具有出色的能力，却因为不具备尽职尽责的工作习惯，在工作中经常出现疏漏，结果，让自己逐渐平庸下去。而另外有一些人刚开始在工作中表现得并不出色，他们也明白自己的情况，为了改变自身的弱点，他们全身心地、尽职尽责地投入到工作之中，想尽一切办法把自己的工作做得完美。结果，在事业上取得了一定的成就。

没有不重要的工作，只有不认真工作的人。企业发展前进的主动力，就来自于那些对事业认真、执着，富有责任感和使命感的人，正是他们，推动了社会进步，开创了事业的未来。只要认真去做，每个人都会成为拥有强大能力的人！

认真是一种伟大的力量，世界上任何伟大的成就，无一不是靠认真地工作换来的。

认真不同于呆板和机械，教条和僵化，认真是对原则的忠诚和坚持。能力不代表成功，再有能力也需要认真。认真是解决问题、克服困难、走向成功的唯一出路。只要认真一点，问题就会迎刃而解；只要认真一点，我们就会出类拔萃；只要认真一点，我们就会走向卓越之路。

认真，就好比人生命运动的"发动机"，能激发起每个人身上所蕴含的无限潜能。一个人的能力再强，如果他不愿意付出努力，那他就不可能创造优良业绩。而一个认认真真，全心全意做好本职工作的员工，即使能力稍逊一筹，也能创造出最大的价值。

资质不凡、潜力过人，却从不肯认真投入，也就永远无法把自己的本事展示出来，最终只能任由自己的天分生锈，直到想发挥都发挥不出来。反倒是那些平日以普通人自处、自认为"认真尽力了才达到这么个水平"的"笨人"，却能通过一次次的努力，实现一次次的提高和超越。

我们的社会，发展越来越快，激烈的竞争对人的能力和素质提出了更高的要求。如果我们想提高自己的能力，就必须把自己培养成一个认真的人。认真，不仅仅是一种对待事业和人生的态度，一种职业精神，它更是一种重要的能力。一旦"认真"渗入进自己的骨髓，融化进自己的血液，我们就能焕发出一种令所有人，包括我

们自己都感到惊讶的能量。

然而，不管何种能力，都是靠认真的态度来承载、来保障。认真，是第一能力。假如缺少了认真，所有能力，诸如计划能力、组织能力、沟通能力、表达能力、控制能力、解决问题的能力，都将失去用武之地。具备了认真的习惯，即便是辛苦枯燥的工作，你也能从中感受到价值和乐趣。我们会发现，在我们完成使命的同时，成功之芽也正在萌发。

说到认真工作，道理人人都懂，可真正能认真工作的人却是少之又少。

究其原因，就在于"毅力"二字。其实，认真地做一件事很容易，而坚持不懈、长年累月地认真做下去，面对每件工作都一丝不苟，却不是件容易的事。认真的关键，在于坚持。

任何成功，除了天时、地利、人和的优势外，更重要的是必须有"认真+坚持"的态度，以及决不懈怠的精神。电灯泡的发明，就是爱迪生经过了千百次的失败后才成功的。俗话说，"只要功夫深，铁杵磨成针。"功夫，无非是认真的态度加上持之以恒的毅力！

把我们的工作比做航船的话，认真的员工就是舵手，他们总是坚守航向，从不动摇，不管航程多远，都以顽强的毅力向着远方一点点前进，即使遇到大风大浪，他们也能镇定地掌稳船舵，驶向自己的目的地。而不认真的员工，他们的航向总是一会儿往东，一会儿往西，高兴了就开足马力向前，不高兴了索性抛锚睡大觉。这样的人，缺少的是成熟的工作心态，也不会有什么成就。

其实，我们需要的是认真做好自己在职每一天的工作，坚持下去，使自己经手的每一份工作都能交出最好的答卷。

认真负责，就是竭尽全力

在工作中，有一句话常常被提到："没有功劳也有苦劳。"特别是那些能力不够、对待工作没有尽力的人，他们常常用这句话来安慰自己。这句话也常常成为他们抱怨的借口。他们认为，自己工作的时候一刻也没闲着，不管有没有结果，都应该算成绩。

在当今的企业中，有不少员工存有这样的想法。当上司交给的任务没有成功地完成时就会产生"没有功劳也有苦劳"的观念，觉得上司会谅解自己的难处，会考虑自己忙碌的因素。

没有成效的忙碌是具有严重危害性的，承认无效忙碌就等于承认低效率，就会导致企业员工不再积极进取，而是得过且过。这样企业没有任何效益可言，只能造成企业资源的无限消耗。

任何伟大的工程都始于一砖一瓦的堆积，任何伟大的成功也都是从一点一滴中开始的。这一砖一瓦、一点一滴的累积，都需要我们以尽职尽责的精神去尽善尽美地完成它。事业成功的人大都是这样：高度的责任感，工作态度表里如一、一丝不苟，永远充满激情。他们的成功是一种透明的成功，没有半点虚假，没有半点水分。当年的迈克尔·乔丹是篮球场上无敌的"飞人"，年薪上千万美元；已是全球首富的比尔·盖茨仍在潜心凝神地工作，决意把微软的产品卖到全球每一个地方……在这里，虽然他们的身份各异，但是他们的工作态度

却有着惊人的相似；尽职尽责地对待工作，百分之百地投入工作，从来没有想过要投机取巧，从来不会在工作上打折扣。所以，一个人在执行中能否尽职尽责，决定了其执行的结果是否完美。

事实上，各行各业都需要全心全意、尽职尽责的员工，因为尽职尽责正是培养敬业精神的土壤。如果在我们的工作中没有了职责和理想，我们的生活就会变得毫无意义。

古希腊雕塑家菲迪亚斯曾被委派雕塑一座神像。完工后，当菲迪亚斯要求支付薪酬时，雅典的会计官却以没人看到菲迪亚斯的工作过程为由，拒绝付他报酬。

"你错了！上帝看见了！在我工作的时候，上帝一直在旁边注视着我！他知道我是如何一点一滴地完成这座雕像的。"菲迪亚斯坚定地说道。

每个人心中都有一个"上帝"，菲迪亚斯相信自己的努力上帝看见了，同时他坚信，自己的雕像是一个完美的作品。事实证明了菲迪亚斯的伟大，这座雕像在2400年后的今天，依然矗立在帕提侬神庙的屋顶上，成为让世人叹服的艺术杰作。

平日里尽职尽责地工作，能让我们的能力日臻完美。如果我们正处在长本事的年龄，别忘了，在将来最靠得住的东西是我们所具备的本领，而不是银行存款。在年轻时代就善于追求完美、勇于付出，我们最终所拥有的工作能力，远远要比我们多挣钱重要得多。

尽职尽责，将使我们获取一个高远而伟大的目标，从而促使我们不断前进、前进、再前进，直至使自己成为一个超一流的人，成为一个最优秀的人，一个工作领域里卓有成就的人。

"认真""负责"，这两个词汇，总是联系在一起的。认真，就是绝不允许半点不负责。时时不忘履行自己的责任，把自己经手的一切工作都尽力做到最好。

心底深处有高度责任感的人，表现在行为上，必然是百分之百认真地投入工作。一个认真的人，也必然是一个敬业、主动、负责的人。他们会让自己负起责任来，而不是把问题丢给别人。

工作，是我们在这个社会安身立命的主要方式，当然也是我们一生中最重要的责任之一，我们必须对工作负责。其实，从一个人对待工作的态度，就可以看出他的志向。了解一个人的工作态度，就可以了解他对待生命的态度。

如果一个人轻视他自己的工作，总是硬着头皮糊弄工作，根本认真不起来，那么他绝不会得到别人的尊敬，同时，还会给自己留下心理阴影，慢慢变得连自己都瞧不起自己。

对工作不认真，那不仅仅是在敷衍工作，更是在糊弄自己。"80后"亿万富翁李想之所以能成功，就源自他远远超出同龄人的认真负责精神。李想这样说过："我始终认为自己是一个对自己高度负责任的人。我相信两点：一是我所拥有的一切都是由真实的我决定的，这个世界是公平的，所以我必须对自己负责任。这是我从上初中时就想明白了的事情；二是只有对自己负责任的人，才可以对其他人、团队、社会负责任，所以我必须对自己负责任。"

而怎样做到认真负责呢？这就要求我们不遗余力地对待自己的分内事。

24岁的海军军官卡特，奉命去见海曼·李科弗将军。在谈话中，将军让卡特挑选任何他愿意谈论的话题。

然而，每当卡特自认为将一个问题完美地表述后，将军总是问他一些问题，结果每次都把他问得直冒冷汗。卡特终于开始明白：自己自认为懂得了很多东西，但其实还远远不够。

结束谈话时，将军问他在海军学校的学习成绩怎样，卡特立即自豪地说："将军，在820人的一个班中，我名列第59名。"

将军皱了皱眉头，问："你尽力了吗？"

"没有。我并不总是全力以赴。"卡特说。他仿佛仍为自己"不费吹灰之力"就取得成绩而骄傲似的。

"那你为什么不竭尽全力？"将军大声质问，瞪了他许久。这话如当头棒喝，影响了卡特的一生。此后，他事事认真负责、竭尽全力地去做。他就是后来的美国总统吉米·卡特。

人们往往喜欢做事留着几分力气，尤其是年轻人，甚至做事只使出三分力气。这看似机灵，其实却很愚蠢。

"不管做什么事情，都要全力以赴。"美国著名演讲大师罗素·H.康威尔说，"成功的秘诀无他，不过是凡事都自我要求达到极致的表现而已。"

确实如此，那些后来走向成功的人，从一开始，他们不管做什么事情，都会全力以赴，追求完美。美国之所以成为经济强国，可以毫不夸张地说，这主要归功于美国的每一个组织，每一个角落处处充满为了工作全力以赴的人。他们工作是为了内心的满足，他们愿意为了工作与企业一同成长，他们内心总是迸发着激情，他们活着就要求自己做得更好。而世界总是这样奖励他们：他们不为薪水而工作，但最后他们总是能从工作中得到最大的回报。

所以，我们职业生涯中服务的任何一家企业，都应该是我们的荣耀。当我们个人对自己未来的期待能与本职工作达成一致时，我们就像找到了取之不竭的能量源泉。接受企业，认同企业，绝不是靠外力强加于自己的，而是我们自己人生价值的一种需要。这种全力以赴的心态，是责任意识的真正体现。

每一位员工，在工作之中，都应该主动负责地做事。这样，才能够不断挖掘出自身潜力，逐渐实现自己内心想要达到的目的。

如果说这个世界缺少很多东西的话，我想有两样东西分别就是"认真"与"负责"。

一时的认真与负责实际上并不难，再不认真负责的人也可以做到一时的认真与负责，难的是一直认真与负责。

坚持的力量是很强大的，坚持的难度也是巨大的。持之以恒是这个浮躁时代大众最欠缺的素养。短捷、快速，现代社会很难再以一种缓慢平和的速度前进了。于是，持之以恒、长期地去做一件事情，如同去寻找一种远古灭绝的生物那样难了。

浮躁的时代大家都梦想一夜暴富，都幻想坐享其成，投机是这个时代的弊病。也许正是这种时代的弊病使那些认真、踏实、负责做事情的人越来越少了。于是，我们开始呼唤认真，开始呼唤负责。

实际上，认真负责只是工作最起码的要求。认真负责，就是竭尽全力，只要你方向没有搞错，一直这样下去，整个世界都会给你让路的。

第五章

落实责任——责任不落实等于不负责任

要始终坚信：没有做不好的工作，只有不负责任的人。责任是每个人的事。企业的员工要时刻保持高度的责任感，为自己的工作承担起责任。工作意味着责任，没有不需要承担责任的工作。

负责任的关键在于落实

落实，不仅是一种观念，还是一种责任。责任，就是我们分内应该做的事。莎士比亚说："生活如契约，每个人都有着不可推脱的责任。""天下兴亡，匹夫有责"，是要为国家尽责；"一人做事一人当"，是要为自己负责。

责任是一种认真的态度，一种自律的品格；责任是一种使命，一种对完美的追求；责任是道德的承载，一种荣誉和欢乐。负责精神是一个人、一个企业、一个国家乃至整个人类文明发展的基石。承担责任，可以让人变得更强；落实责任，可以收获更多的成就和回报。

做任何事情都要有责任感，而且要将责任落实到工作中的每一个部分。无论你担任何种职务、从事何种工作，你对工作都负有不可推卸的责任。这是社会法则，是道德法则，是心灵法则。正视责任，让我们在困难时能够坚持，让我们在成功时保持冷静，让我们在绝望时绝不放弃。在这个世界上，最愚蠢的事情就是推卸眼前的责任。请看下面这个故事。

上帝创造了世界之后，也创造了动物，于是召开动物大会，来给动物安排寿命。上帝说："人的寿命是20年。牛的寿命是30

年。鸡的寿命是25年。"

人说："上帝呀，我非常尊敬您，但是我的寿命也太短了，人生的很多乐趣都享受不到了。"

上帝还没有说话，牛就说了："上帝呀，我每天都要干活，您给我30年的寿命，我就要做30年的活儿，太辛苦了，能不能少点？"

鸡也说："我每天报晓也很辛苦，能不能少点寿命？"

上帝说："好吧，牛和鸡，把你们20年的寿命给人吧。"从此以后，人就有了60年的寿命。在前20年"像人一样"快乐地活着；下一个20年是为家庭活着，像牛一样辛劳；最后20年是报晓的鸡，起得最早，叫全家人起床。

这个故事看起来虽然有点好笑，但它向我们阐释了这样一个重要的道理：落实责任是我们的使命，每个人来到世上，并不是为了享受，而是为了完成自己的使命。

爱默生说："责任具有至高无上的价值，它是一种伟大的品质，在所有价值中它处于最高的位置。"科尔顿说："人生中只有一种追求，就是对责任的追求。"

清醒地意识到自己的责任，并勇敢地落实责任，无论对于自己还是对于社会都将问心无愧。

微软公司之所以能称霸全球，始终处于领先地位，并不是只靠一个天才的比尔·盖茨外加一个史蒂夫·鲍尔默，微软的成功与每一位职员都拥有的责任感是分不开的。

微软的每一位职员都以"让人人用上最优秀的软件"为己任，

并且深信只有微软才能肩负起这个崇高的使命。更为重要的是，他们每个人都懂得，要完成这项使命，只有人人在各自的工作岗位上落实责任，微软才能不断向世人推出一流的软件。如果公司的每一名员工都能够树立起责任至高无上的意识，为公司的发展主动落实自己的责任，天下哪有不兴盛的公司？在责任的内在力量的驱使下，我们常常更容易油然而生一种崇高的归属感和使命感。当我们把工作当成一项伟大的事业，用整个生命去实践的时候，人生往往更容易激发出绚烂的色彩。已故的佛里德利·威尔森，曾经是美国纽约中央铁路公司的总裁。有一次，在访问中，当被问到如何才能使事业成功时，他说："一个人，不论是在挖土，还是在经营大公司，他都会认为自己的工作是一项神圣的使命。不论工作条件有多么困难，或需要多么艰难的训练，始终用积极负责的态度去进行。只要抱着这种态度，任何人都会成功，也一定能达到目的，实现目标。"

在新世纪，更需要我们具有铁的肩膀，来担负起这一"落实"的重任。

"落实"虽然仅仅是两个字，但这两个字却是字字重千钧。因为它一端连着党和政府，一端连着人民群众；一端连着组织的命运，一端连着组织成员的成败；一端连着企业的兴衰，一端连着企业员工的生活。因此，不管是政府工作人员，还是企事业单位的员工，每个人对此都必须有深刻的认识。

记得有这样一个故事。某企业经营不善，濒临破产。无奈，请来一位德国人管理。

企业员工翘首盼望着德国人能带来令人耳目一新的管理办

法，将企业从危机中拯救出来。但出乎意料的是，这位德国人来了之后，却什么都没有改变。制度没变，人员没变，机器设备没变。他只有一个要求，就是把先前制订的制度坚定不移地贯彻落实下去。

结果，不到一年，企业就扭亏为盈。德国人的绝招是什么？落实，不折不扣地贯彻落实。

抓落实，是所有组织成员的一项重要的工作。没有落实，再完善的制度也是一纸空文，再理想的目标也不会实现，再正确的政策也不会发挥其应有的作用。对于一个组织而言，战略目标固然重要；战略目标一旦确定，关键问题是要落实、落实、再落实。细节决定成败，这话没错，但成败的关键还在于落实。

什么是落实？落实就是把口头上讲的、纸上写的东西，如理论、路线、方针、政策、计划、规划、方案、意见等，付诸实施，并达到预期目标，这就是落实。

记得拿破仑曾经说过："想得好是聪明，计划得好更聪明，做得好是最聪明！"任何伟大的目标、伟大的计划，最终必然落实到行动上。

落实责任从小事做起

细节决定成败！无数事实表明，小事牵连着大事，细节关系到

全局，无视细节必然付出代价。

"天下难事，必做于易；天下大事，必做于细。"细节最能衡量一个部门和单位的工作认识到位不到位，功夫到家不到家，举措落实不落实；细节最能体现机关人员作风深入不深入，工作负责不负责，行为在不在状态。

我们许多人熟悉这样一段话：少了一个铁钉，丢了一只马掌；少了一只马掌，丢了一匹战马；少了一匹战马，丢了一位统帅；少了一位统帅，败了一场战争；败了一场战争，丢了一个国家。

这不是夸张，也不是传说，而是历史的真实：在1485年的波斯沃斯战役中，英格兰国王理查三世战败身亡。其中的一个重要原因，竟然是他的战马少钉了一个马掌钉。

有这样一个小笑话。

小徒弟跟着老师父学剃头，开始老师父先让小徒弟在冬瓜上练习。小徒弟有个习惯，就是每次练习完剃头后，将剃刀随手插在冬瓜上，然后去办自己的事。有一天，他学成了，终于出师了，很是高兴，他要为老师父剃头，手艺确实不错，老师父很是满意，于是夸他："很聪明啊，剃得不错。"小徒弟一时兴奋，放下手中的剃刀，深鞠一躬："谢谢师父。"同时听到一声惨叫：只见老师父的头上顿时鲜血直流，原来小徒弟因为平时的习惯，随手将剃刀插在了老师父的头上。

这虽然是个笑话，但放在真实的事件中，相信没有人能够笑得出来。坏习惯危害甚大，很多企业发生的大小事故，都与习惯性违

对工作负责　让领导放心

章分不开。生产过程中，习惯性违章是导致各类事故的罪魁祸首，是一种违反安全生产客观规律的盲目行为。

电话可以停好车以后再打，不要因为从来没有出过事故就觉得自己是个例外，一旦出了事，就将是无法挽回的遗憾。在日常的生产工作中担负起安全责任，认真检查每一个细节问题，哪怕是一根绳子，都要注意。

对于影响深远的"日常的小过错"，"小题大做"去处理，在落实责任的过程中应该把"杀鸡"也用"牛刀"的精神亮出来，保证不出现小责任背后的大问题，才能够真正将安全责任落到实处。安全问题无小事，只要有人触及底线，必会受到惩罚。

落实责任，是企业中每一个人最基本的责任。因为，没有落实，再正确的战略也发挥不了作用。如果领导安排的任务没有人去落实，那领导就是光杆司令，无法让整个企业组织正常运转起来。员工在落实责任过程中，即使有一个很微小的细节没有落实或者落实不到位的话，都有可能影响全局的发展，影响整个企业的发展。可以说，没有责任的落实，就没有企业的发展。探究企业责任不落实的原因我们可以发现，责任的不落实既有组织规章制度不完善的原因，也有员工个人推卸责任的原因。因此，从企业的角度来说，首先，应该完善规章制度，把责任明确到每一个人的身上，不给推卸责任的人钻空子的机会。有了完善的规章制度，最终还是需要落实下去，通过监督落实到位。其次，火车跑得快，全靠车头带，领导要做好榜样，主动带头做好责任落实工作。最后，企业的成功归根结底还是得靠全体员工以高度的责任感真抓实干地去落实。落实责任无小事，没有责任落实，一切都是空谈。有没有落实责任的意

识、能不能将责任落实到位，是企业所有人员都不容忽视的问题。

人们大部分时候都习惯采取惯性思维，而且，往往是沿着一个破坏性的思路去思考。假设，你将一个漂亮的鸟笼挂在房间里最显眼的地方，凡是走进房间的客人看到鸟笼后大都会问你这样一句话："鸟呢？是不是死了？"他们不会知道你根本就没有养过鸟，而是沿着破坏性的惯性思维认为你的鸟一定是死了。过不了几天，你一定会作出下面两个选择之一：把鸟笼扔掉；或者头一只鸟回来放在鸟笼里，以免花费太多的精力来应付这无休止的盘问。这种面对不完整的事物进行破坏性思考的情况并不鲜见。见到窗子破了，不去思考如何修补，而是想着如何放纵自己去打碎更多的玻璃。这种惯性思维会给企业管理带来很多危害。例如，组织制度上出现了漏洞，员工就会想办法去钻这些空子，从而形成不良的风气。再如，在企业中，我们经常可以见到这样的情形：会议室的凳子，今天少一个螺丝，明天靠背就掉下来了，如果没有人落实责任及时修理，后天可能就要报废。久而久之，其他椅子也会有相同的命运。不出半年，会议室就会成为一个杂物间。办公室的窗台上有一层灰，没有人去打扫，一星期后，电脑上、桌角、墙角……只要是不经常触及的地方，都蒙上了厚厚的一层灰。如果我们视而不见，不加以处理，久而久之，办公室将成为一座垃圾场。纸张摆放无序，地上垃圾成堆……不管是客户还是老板，一看就知道这些人懒散、无序、没有责任感，更何谈效率。以上这些，我们都可看做"破窗效应"。第一扇破窗不及时修复导致了第二扇、第三扇……更多的窗户被打破。在企业里更是如此，如果第一件缺乏责任感的事情发生后，得不到及时有效的解决处理，一方面，容易使责任人有恃无恐，不负责任的行为更为变本加厉。另一方面，从更深层次来说，不负责任的行为没有得到纠正，其他员工就会理所当然地接受这种错误，久而久之，员工的正确认识会受到混淆，分辨是非的能力会下降。即使员工当时对这种不负责任的行为有所认识，由于管理者当时没有明确表态并采取必要措施，也会诱导其他员工习惯性地沿着那个破坏性的思路去思考，觉得不负责任也不会受到什么惩罚。于是，第二件、第三件……不负责任的事情接二连三地发生，形成缺乏责任感的氛围，结果正气受到抑制，严重影响企业发展。为了避免这种"破窗效应"所造成的落实不力，就必须从补上第一扇"破窗"开始。对公司员工中发生的"小奸小恶"行为，管理者要引起充分的重视，适当的时候要"小题大做"，这样才能防止有人效仿，避免积重难返。

提高工作执行力，说到底就是从细节着手，把工作落到实处。抓落实，求实效，就要从细节做起，坚决克服大而空的倾向，在抓具体、求精细方面做文章，不断提高操作能力，加大落实力度；就要牢固树立细而实的观念，以精益求精的态度、追求卓越的理念，不折不扣地完成各项工作。

然而，在现实工作中，细节因其"小"，容易被人忽视，掉以轻心；因其"细"，也常常使人感到烦琐，不屑一顾。譬如，有些工作人员在工作中看不到细节，或者不把细节当回事，结果不仅制约了机关效能的提高，甚至还造成人民群众生命财产的损失。

责任落实是工作的灵魂

细节决定成败，关键在于落实。任何一项工作任务的完成，都是抓落实的结果。只有责任落实到人到位，才能形成人人有责任、人人抓落实的工作局面。马上落实是一种习惯，是一种做事的态度，也是成功者共有的特质。

责任就是对自己所负使命的忠诚和信守，责任就是对自己工作出色地完成，责任就是忘我地坚守。我国古代思想家主张"修身、齐家、治国、平天下"，每个人对自己的祖国，都负有义不容辞的责任。事实上，只有那些勇于承担责任的人，才会被赋予更多的使命，才有资格获得更大的荣誉。一个缺乏责任感的人，首先失去的是社会对他的基本认可，其次失去的是别人对他的信任与尊重，失去了信誉和尊严还有什么可言。清醒地意识到自己的责任，并勇敢地扛起它，无论对于自己还是对于社会都将是问心无愧的。

总之，有了这种责任意识，员工才会积极主动地去提升自己的工作质量和服务态度，才能更好地贯彻落实领导所部署的各项工作任务，才能不畏艰难险阻使工作得到有效落实。

落实是每个人的责任。对于有抱负的员工而言，只有具备高度的责任感、拥有强烈的责任心，才能保证工作落实好，才能在职场中有成就。

落实力是一个公司或企业走向成功的必备能力之一，更是一种思维方式、行为习惯和公司生存态度。对于公司来讲，要想在市场中站稳脚跟，要想在竞争中立于不败之地，最重要的是向着公司的目标立即行动起来。这种"行动起来"就是落实的能力。

提高工作效率的另一个秘诀就是接到工作，马上落实。领导有什么安排，马上去落实；客户有什么要求，马上去落实。要知道，工作成绩是落实出来的，而不是等待得来的。

1997年9月，海尔彩电在北京上市。8个月后，根据国家统计局中怡康经济咨询有限公司对全国100家商场的统计，1998年5月海尔彩电在北京市场销量第一且一直保持。有人说，这是意料之中的事，而让人出乎意料的是这项成绩的创造者竟是个不足25岁的毛头小子——北京销售经理辛波。

1998年12月初，某品牌彩电负责人率领50人的直销大军浩浩荡荡开到了北京中旭三利商场，欲同海尔争夺市场。而当时海尔彩电在三利商场只有5名直销员。在如此悬殊力量的对比下，海尔彩电销量依然雄踞三利商场榜首。

辛波的成功取决于他"迅速反应，马上行动"的海尔作风。一次，辛波在商场谈展台工作时，婉拒了商场经理吃午饭的邀请，利用午餐时间布置好了展台，令吃完饭回来的商场经理大吃一惊，之后商场便把黄金位置给了海尔彩电。

市场领先，点子不断。在竞争如此激烈的市场上，一个经理要全身心地扑在工作上，工作作风尤为重要。

美国海尔贸易公司总裁迈克曾接到许多消费者的反映，说普通冷柜太深了，取东西很不方便。在2001年"全球海尔经理人年会"上，迈克突发奇想，能否设计一种上层为普通卧式下面为带抽屉的冷柜，二者合一不就解决这一难题了吗？

冷柜产品本部在得知迈克的设想后，派四名科研人员采用同步工程，连夜奋战，仅用17个小时完成了样机。不但如此，他们还超出用户的想象，又做出了第二代产品。在当晚的答谢宴会上，当这些样机披着红绸出现在会场上时，引来一片惊叹声，接着爆发出一阵长时间的热烈掌声。

冷柜产品本部部长马坚上台推介这一工商互动的共同结晶，并当场以迈克的名字为这一冷柜命名。当天，这款迈克冷柜就被各国经销商订购。如今，这款冷柜已经被美国大零售商希尔思包销，在美国市场已经占据了同类产品40%的份额。迅速反应，马上行动，海尔人用创造性的工作，出奇制胜的手法，对海尔作风作了新的诠释，赢得了参会代表的一致赞叹。

第三个10年，海尔经过市场链的组织流程结构改造，进入了全球市场进行本土化的角逐。全球化的海尔，需要全球化的海尔精神；海尔的全球化，需要企业的全球化追求。在这一更高的目标下，"人单合一，速决速胜"，就成为海尔工作作风的最新表述。"人单合一"是手段，就是要解决内部管理和外部市场拓展两张皮的问题。"人单合一"可以让不同文化背景的人都可以接受，但是具体的激励体系等方面就表现出跨国的本土化特色，例如，在马来西亚，销售人员和应收账款可以挂钩，但是在欧洲却行不通。"速决速胜"是目的，每一个SBU（站缓冲器）都要与市场准确地结合，然后以速度取胜。

表面看起来，这句口号很平常，没有石破天惊的轰动效应，海尔人默默坚持做了20多年后却取得了惊天动地的效果。"迅速反应、马上行动"可以在海尔人的工作作风中处处体现出来，海尔对市场需求变化的迅速反应、对用户提出问题和要求的迅速反应、对公司领导指示的迅速反应都使海尔的员工时时刻刻处于一个积极的工作状态中。以可能达到的最高效率完成工作，争取在相同的时间内，做出更多的成绩；以迅速快捷的态度对待市场，绝不对市场说不，为用户着想，对用户真诚，快速排除用户烦恼到零。海尔感动和赢得了海尔用户和客商的心。海尔人正是在这种作风的带领下，在市场上赢得了巨大商机。

不管你是企业员工，还是机关干部，都要养成一有工作，马上落实的工作作风，这是你获得成功最重要的一点。

责任是高效落实的潜在动力

成功的管理者一定是负责任的管理者。他们关注于结果，并想尽一切办法去获得结果。他们只关心结果，对找借口不感兴趣。他们只在意是否做了正确的事情，而不愿意为花了精力和资源却没能带来积极结果的事情找理由。

对于负责任的人来说，高效落实是唯一的工作标准。他们不会

对自己说"我已经做得够好了"，而是要求自己在每一份工作中都做到尽善尽美。在工作中习惯于说自己"做得够好了"的人是对工作的不负责任，也是对自己的不负责任。每个人的身上都蕴含着无限的潜能，如果我们能在心中给自己定一个较高的标准，激励自己不断超越自我，那么我们就能摆脱平庸，走向卓越。

纳迪亚·科马内奇是第一个在奥运会上赢得满分的体操选手，她在1976年蒙特利尔奥运会上完美无瑕的表现，令全世界为之疯狂。

在接受记者采访的时候，纳迪亚·科马内奇谈到她为自己所设定的标准以及如何维持这样的高标准时说："我总是告诉自己，'我能够做得更好'，不断鞭策自己更上一层楼。要拿下奥运金牌，就要比其他人更努力才行。对我而言，做个普通人意味着必定过得很无聊，一点儿意思也没有，我有自创的人生哲学：'别指望一帆风顺的生命历程，而是应该期盼成为坚强的人。'"

一般人认为还可以接受的水准，对于像纳迪亚·科马内奇这样渴望成功的人而言，却是无法接受的低标准，他们会努力超越其他人的期望。

在这样的追求过程中，只要不是出类拔萃的表现，都不可能让人获得满足，进而心安理得。

甘于平庸的人并不能称得上对自己负责。只有把卓越当成自己的工作标准，不断告诉自己"我能够做得更好"，这样才能鞭策自己不断进步，充分施展自己的才能，将工作做到尽善尽美。

　　有一个刚进入公司的年轻人，自认为水平很高，对待工作漫不经心。有一天，他的上司交给他一项任务——为公司的一个项目做一个企划方案。

　　这个年轻人为了讲效率，只花了一天时间就把这个方案做完了，交给上司。他的上司一看就给否定了，让他重新起草一份。结果，他又用了两天时间，重新起草了一份交给上司。上司过目之后，虽然觉得不是特别理想，但还能用，就把它呈送给了老板。

　　第二天，老板把那个年轻人叫进了自己的办公室，问他："这是你能做出的最好方案吗？"年轻人一愣，没敢作答。老板把方案推到他面前，年轻人一句话也没说，拿起方案，返回自己的办公室，稍微调整了一下情绪，重新把方案修改了一遍，又呈送给了老板。老板依旧还是那句话："这是你能做出的最好方案吗？"年轻人心里还是没底，没敢做出明确的答复。于是，老板让他再仔细斟酌、认真修改方案。

　　这一次，他回到办公室里，绞尽脑汁，苦思冥想了一周，把方案从头到尾又修改了一遍后交了上去。老板看着他的眼睛，仍旧是那句话："这是你能做出的最好方案吗？"年轻人信心十足地答道："是的，这是我认为最满意的方案。"老板说："好！这个方案批准通过。"

　　经历过这件事情之后，这个年轻人工作得越来越出色，受到了上司和老板的器重。他明白了一个道理：在工作中只有尽职尽责，才能够尽善尽美。一个人永远都不要对自己说"做得已经够好

了"，只有力求完美才称得上是对工作负责。

当每位员工将"做到最好"变成一种习惯时，就能从中学到更多的知识，积累更多的经验，就能从全身心投入工作的过程中找到快乐。

将落实当成唯一的工作标准，是一句值得每个人铭记一生的格言。有无数人因为养成了轻视工作、马马虎虎的习惯，以及敷衍了事、糊弄工作的态度，终其一生都不会有什么作为。细想一下，我们的内心也应该有所触动吧！

无论我们从事什么职业或是处在什么职位上，都要有一定的职责。我们在执行工作任务时，只有履行职责才能把工作落实好。

落实工作，其实也就像参加一场马拉松比赛，目标必须明确，无论在具体执行的过程中遇到什么困难，都要达到终点完成任务。

美国得克萨斯州大学的校长詹姆斯·克拉克曾经说过："责任重于生命，我们的一生也许就是为了完成一个、两个或者更多的任务，履行我们的责任，尽管有些任务是我们不能完成的，只要尽责，那也是一种荣誉。"

职场如战场，没有落实力就没有战斗力

对结果负责的人会为了自己的工作切实负责、舍身忘我。他们往往不达成功永不懈怠，生命不止，奋斗不止。他们往往具有持之

以恒的宝贵品格和高度的责任感。他们的成功大都遵循一个原则：那就是让一切用结果说话！

不管做什么工作，当领导给了你某项工作后，就要抓住工作的实质，当机立断，立即行动，毫不延缓，这才是真正的落实精神！每一个成功者都是行动家，不是空想家，每一个落实的人都是实践派，而不是理论派。

什么事情我们一旦拖延，我们就总是会拖延，但我们一旦开始行动，通常就会一直做到底，所以，凡事行动就是成功的一半。第一步是最重要的一步，行动应该从第一步开始，而不是第二步。

立足本职岗位，从自我做起，以高度的责任感和饱满的热情，出色地完成本职工作，是一个优秀员工必备的条件。

只有简便才能取得成功。优秀的公司虽然组织很庞大，但它们并未因过分复杂而停滞不前。它们从不沉溺于长篇大论的公文报告，也不为员工设置复杂的行为规范。惠普、IBM、达纳、麦当劳、波音、德尔塔航空等公司的员工并没有被繁冗复杂的规定束缚手脚，他们都明确知道自己现在该怎样做，接下来又该做什么。

反思不落实和落实不力的教训，对我们无疑会有深刻的警示作用。

1815年的春天，拿破仑从放逐地厄尔巴岛回到了巴黎。很快，他就将整个法国的政权重新掌握在了自己的手中。获悉这一消息，欧洲各国的君主如临大敌，立即组织了第七次反法同盟，希望能以最快的速度将拿破仑消灭掉。拿破仑也不甘示弱，他迅速组织部队进行抵抗，并制订了天才的战略部署。

根据制订的战略部署，法军要在俄奥联军到达之前以迅雷不及掩耳之势先将英普联军彻底歼灭。但是，这一战略部署却没有得到贯彻落实。

内伊元帅受命占领布鲁塞尔重要阵地以牵制英军，但是他犹豫不决，行动迟缓，没能如期完成战斗任务。

后来，在双方激烈争夺时，拿破仑又命令戴尔隆军团由弗拉斯内向普军的侧后方开进，和主力部队一道对普军进行夹击，但戴尔隆对命令理解不清，错误地向法军后方的弗勒台开进，使这具有决定性的一击延误了近两个小时，从而使英普联军逃脱了被全歼的命运。

对此，史学家和军事评论家认为，法国滑铁卢战役之所以失败，主要是因为拿破仑既定的作战方案没有被他的部下严格地执行和落实。如果他的部下能不折不扣地执行和落实他的战略部署，这段历史就该重新改写了。

历史证明，落实就是战斗力；不落实或落实不力，就会缺乏战斗力。一个缺乏战斗力的组织，是注定要失败的。拿破仑兵败滑铁卢，虽然是多种原因综合作用的结果，但对正确的战斗部署落实不力是一个重要的原因。

今天，无论是企业还是员工，成败的决定因素往往也是落实，因为只有落实责任才是对结果产生作用的真正力量。只有靠落实责任，我们的单位和企业才能更加欣欣向荣；只有靠落实责任，战略实施才能层层推进，崭新的未来才能扑面而来；只有靠落实责任，个人的潜力才能得到无限的开发，个人才能一步步走向成功。

我们看到满街的咖啡店，唯有星巴克一枝独秀；同是做PC，唯有戴尔独占鳌头；都是做超市，唯有沃尔玛雄踞零售业榜首。很多公司的经营理念和战略大致相同，但绩效却大不相同。原因何在？关键在于落实力！思科是全世界最大的做网络设备的公司，拥有垄断技术，而它的总裁却认为公司的成功不在于技术，而在于落实力。

落实力对于个人、公司、组织乃至一个国家来讲，都是一种战斗力。没有落实力，任何伟大的战略、远大的规划都只能成为一纸空文。

如何立即行动起来？这需要一套完善的行为管理理念。公司战斗力的缺乏，正是基于行为管理上的三大重要因素的缺失：缺乏纪律，缺乏落实可操作的标准，缺乏行为规范。

有的公司之所以缺乏战斗力，很大程度是因为缺乏像军队一样标准化、一体化带来的高质量、高效率。

企业的生存要靠扎扎实实地落实来实现。公司不落实或落实不力，只会意味着危机、失败，甚至死亡。在充满竞争的时代，任何组织及其成员要想在竞争中脱颖而出，立于不败之地，都要靠不折不扣的落实。实践证明，落实是决策的落脚点，落实出竞争力，落实出生产力，落实出战斗力。

责任没有落实，一切都是无稽之谈

科尔顿说："人生中只有一种追求，一种至高无上的追求——就是对责任的追求。"

一般说来，没有落实的责任就是无效责任。无论责任大小，没有落实到位，一切都是空谈。没有落实的责任大致有两种原因，一是责任感的缺失而不去落实责任，二是没有找到自己要落实的根本责任，工作做了不少却没有抓住要点，自然落实的也是无效的责任。

这个社会上的大多数成功者之所以成功，不是因为他们有多少新奇的想法，而是因为他们自觉不自觉地进行着一项最有效的活动——落实。他们都有一个最大的特点：无条件落实自己的责任。

只有把责任落实到位的人才是负责的人，才能说自己对企业负了责任。事实上，责任就意味着落实。作为企业的一员，我们每一个人都应该消灭无效责任，以最高的水平去落实身上的责任，以最好的成绩交出自己的落实成果。

行动才会有结果，什么都不去做，机会当然不会从天上掉下来。在工作中也一样，如果你连最基本的责任都不去用行动落实，那么，一切都是空谈。

在现实的工作中，存在着许许多多的不落实或落实不力的现象，我们常常对此掉以轻心，但不落实或落实不力往往意味着失败，意味着危机，甚至意味着生命的代价。

在现实工作中，我们也经常能遇见这样的人：只会坐而论道，沉迷于文山会海，夸夸其谈，将讨论、撰写作为落实责任的重心，重视制订计划、准备书面材料等案头工作，用嘴上、纸上的演示代替了真正的落实。最终，除了耍耍嘴皮子之外，还是什么责任都没有落实。

事实上，有时候我们的很多讨论本来可以大大浓缩，因为我们对讲话者的发言质量很少量化。个别讲话者开口不讲究言简意赅，而是喋喋不休，开口万言，离题万里。我们宝贵的时间和机遇有不少就是在这种集体耗费中溜走的。多少年来，有多少人在忍耐着，但时间久了，反倒成了一种习惯。

坐而论道不如起而先行。当前的问题是"坐而论道"太多，而鲜有行动者。落实责任不能坐而论道，行动起来才是最好的落实，如果还需要论道，那就让我们边走边论。

可见，企业成功的关键还是在于每位员工都把该落实的责任落实到位。少些坐而论道，在喊好口号、做好宣传工作的同时，更重要的是多些落实责任，把嘴上说的变成现实存在的成果。

好的结果离不开管理者高度的责任感，没有责任感的人也永远不会创造出好的结果。其实，让一切用结果说话，就是让责任创造结果。下面这则例子就是很好的证明。

有三艘舰艇，它们出自同一家造船厂，来自同一份设计图

纸，在六个月的时间里先后被配备到同一个战斗群中去。

派到这三艘舰只上的人员的来源也基本相同，船员们经过同样的训练课程，并从同一个后勤系统中获得补给和维修服务。

唯一不同的是，经过一段时间，三艘舰艇的表现却迥然不同。

第一艘舰艇似乎永远无法正常工作，它无法按照操作安排进行训练，在训练中表现也很差劲。船很脏，水手的制服看上去皱皱巴巴，整艘船弥漫着一种缺乏自信的气氛。

第二艘舰艇恰恰相反，从来没有发生过大的事故，在训练和检查中表现良好。最重要的是，每次任务都完成得非常完满。船员们也都信心十足，斗志昂扬。

第三艘舰艇，则表现平平。

造成这三艘舰艇不同表现的原因在哪里？有人分析后得出结论：因为舰上的指挥官和船员们对"责任"的看法不一。表现最好的舰艇是由责任感强的管理者领导的，而其他两艘不是。

经过一段时间，这三艘舰艇都面对着同样的设备、人员和操作问题。

表现最出色的舰艇秉承的责任观是：无论发生什么问题，都要达到预期的结果。而表现不佳的指挥官却总是急于寻找借口，"发动机出问题了"，或者是"我们不能从供应中心得到需要的零件"。

成功的管理者一定是负责任的管理者，他们关注于落实。让责任约束自我，让一切用结果证明。这才是所有企业成功的黄金法则。

工作中，有些人一提起成功，就会觉得太困难、太遥远，总觉得成功与自己是无缘的，其实有这种思想的人是不对的。记得有位著名作家曾经说过："成功就是从一数到十，不要跳过就行了。"每个人得到成功的机遇是平等的，而错过机遇的人不是将自己看得太高，就是将自己看得太低，从来都没有为成功付出过行动。

"落实"虽然仅仅只有两个字，但要真正以实际行动来实施计划、实践目标，达到预期的效果，却并非是一件容易的事。它需要有坚持不懈的韧劲，坚定不移的意志。谁真正能将工作落实到位，谁才是真正的赢家。

对于个人来说，坐着不动不敢用行动去落实的人永远赚不到钱，对于组织来说，成员坐着不动就永远不能为组织谋求利益。

在职场中，大多数员工总是怕犯错误，为此不敢去执行，不采取任何行动。他们天真地以为这样做就可以避免犯错误，避免被老板批评，其实殊不知这才是真正的错误。如果不采取行动，哪来的成功啊！

行为的最终价值是落实，没有落实的行为是毫无意义的。即便是完成任务了又怎样？在处处讲求实际、讲求成果的今天，无论我们的过程如何精彩，最后没有落实，都是徒劳。

在落实面前，思想不能代替行动，若诸葛锦囊妙计没有人去贯彻落实，也是白费智者苦心；描绘得再美好的蓝图，如果不去落实，也只是白日梦式的空想。因此，不管我们是企业领导，还是普通员工，责任没有落实，一切都是空谈。

明确责任，高效落实

我们应该对工作尽职尽责、忠于职守，把自己的工作做好，不为困难而推诿懈怠，更不能因为事情小就不屑一顾，应付了事。我们要对工作充满高度的责任感，并且以一颗积极进取的、充满激情的、火热的心努力地工作，只有这样我们才能不断地实现自我超越，创造出不凡的成绩。

一切的能力都要通过落实责任来体现，真金不怕火炼，有落实责任能力的人才能算得上是真正的人才。

只有将责任落实到位，才能获得完美业绩，成就个人与企业的双赢！

结果是什么？结果是行动的落实、目标的实现、任务的达成，是赢得胜利、取得成功的标志。一次没有结果的行动，是无效的，是没有价值的；而一次与目标结果相反的结果，则是具有破坏性和毁灭性的，会毁掉一个企业。以结果为导向，才能确保每一次任务、每一个行动，都具有实际效用和价值。

责任，就是我们应当承担的任务、应当完成的使命。在落实中，只有明确各项工作"谁来干"，把目标任务层层分解，将责任落实到人，形成一级抓一级、层层抓落实的局面，才能使每个人都感到自身所肩负的任务，进而把压力内化为做好工作的动力。

明确责任抓落实，首先要树立强烈的责任感、使命感和紧迫感。责任意识是党员、干部必备的基本素质。工作的执行关键在人，一个人如果没有强烈的责任观念和落实意识，那么他在工作中就会喊得凶、抓得松。只有正确对待自己所承担的责任，认真履职尽责，只为成功想办法，不为失败找借口，才能把抓落实、求实效的干劲激发出来，把聚力量、集智慧的合力调动起来，推动各项工作的落实。

明确责任抓落实，必须建立有力的工作机制。在部队，军人的天职是服从。这种无条件地服从大局，确保上级战略意图和战术安排得到贯彻执行，是取胜的根本。尽管地方与部队有所不同，但在宏观意识和服从大局方面是一致的。只有把责任感和责任制统一起来，把履职和问责结合起来，定职责、定任务、定期限、定标准，使"板子能打到具体的人身上"，才能在全社会确立起良性的责任导向。同时，要强化责任的监督检查，对已经落实的看效果，对正在落实的查进度，对尚未落实的问原因，尤其对落实不力的要严肃问责，做到工作有布置、有督促、有检查、有奖惩。只有这样，才能使人人肩上有担子，个个身上有压力，事事有人管，人人有专责，从而保证每一项工作都能落到实处。

明确责任，领导干部要发挥模范带头作用，特别是主要领导同志，要切实肩负起"第一责任人"的责任。实践已充分证明，领导带头是做好各项工作的前提。领导有责任感，整个部门单位就有方向感；领导没有压力，群众就不会有动力。因此，在抓落实中，领导干部要身体力行、率先垂范，激发班子成员和广大干部职工中蕴藏的积极性和创造力，带领大家以不达目的誓不罢休的信心和决心，以时不我待、只争朝夕的紧迫感来推动工作的落

实。同时，"一把手"还要精心统筹，科学谋划，要善于"弹钢琴"，使本单位、本部门每一名同志都能充分发挥其聪明才智，为优秀人才脱颖而出创造良好的外部环境。要通过一级做给一级看，一级带着一级干，在全社会形成人人抓落实、事事讲落实、层层促落实的良好氛围。

责任是由具体岗位或职务上的人来落实的，为了保证企业组织系统高效地运转，就必须把那些具有落实责任能力的人放到适合的岗位上来。大部分管理者的成功，都在于他们能够让合适的人做合适的事，能找到具有落实能力的人。因此，落实责任的能力，就越来越成为企业衡量人才的标准。

实际上，当一个人认真去对待生活和工作时，他是能够感受到责任所带来的力量的。

意识到自己的责任，主动落实责任，相信我们所在的企业会因为每位员工的这份责任感而变得更加辉煌和强大，而我们的人生也会因此更为卓越和精彩。

第六章

担当责任——一切借口都是在推卸责任

企业里的每一名员工都共同承担着企业生死存亡、兴衰成败的责任。无论我们的职位是高还是低，这种责任是不可推卸的。勇于承担自己的责任，不找借口，不推卸责任，才能够保证工作的顺利进行。勇于承担责任是一个人成就事业的可贵品质之一。

工作意味着责任

既然去做，就做好吧。这是对我们自己的工作负责，更是对我们自己的生命负责。

我们为工作负责任，就是要全力以赴，满腔热情地去做事；就是自动自发，履行我们的职责，让责任成为一种习惯，努力工作，忠于职守。孔子云："吾日三省吾身。"在各自的岗位上，我们每天都应扪心自问，今天我努力工作了吗？真正做到尽职尽责了吗？公司的各项制度要求都认真贯彻执行了吗？只有这样，我们才能不辱使命，才能敢于问责，才能不断进步，才能在推动企业又好又快的发展中体现个人价值和工作意义。

工作就是责任，态度决定一切。责任感是成就和发展公司事业的基础，也是我们做好本职工作的前提。当今的市场竞争，从某种意义上讲，就是责任感的竞争。

工作就意味着责任。每一个岗位所规定的工作内容就是一份责任。既然从事了一种职业，选择了一种工作岗位，就必须接受它的全部，就算是受屈辱和责骂，那也是这项工作的一部分，而不是仅仅只享受工作带给你的益处和快乐。

"记住，这是你的工作！我认为，应该把这句话告诉给每一个员工。"这是杰克·韦尔奇在他的自传中非常强调的内容。一个不重视自己工作的员工，绝不可能尊重自己，也绝不可能把工作做好。新职员进入公司要从最底层干起，有些志向高远的人可能会很失望，这是非常错误的想法。公司不是慈善机构，既然支付工资聘请你，就自然认为你所承担的工作别人无法替代，你的劳动成果的重要性是自然的。

有效地完成工作是一个合格员工必须认真履行的职责，对那些在工作中推三阻四，老是抱怨，寻找种种借口为自己开脱的人；对那些不能最大限度地满足顾客的要求，不想尽力超出客户预期提供服务的人；对那些没有激情，总是推卸责任，不知道自我批判的人；对那些不能优秀地完成上级交付的任务、不能按期完成自己的本职工作的人；对那些总是挑三拣四，对自己的公司、老板、工作这不满意，那不满意的人，最好的救治良药就是：端正他的坐姿，然后面对他，大声而坚定地告诉他：记住，这是你的工作！是你的责任！如果一个清洁工人不能忍受垃圾的气味，那么他就根本不能称之为一个合格的清洁工！

工作不是为了应付老板，我们应该以负责任的态度来对待。不要做表面工作，骗别人也骗自己。我们所要做的每一件事都不应该是为了应付而只做表面工作，应该是发自内心的。

对待工作，是充满责任感、尽自己最大的努力去完成任务，还是敷衍了事，这一点正是事业成功者和事业失败者的分水岭。事业有成者无论做什么，都力求尽心尽责，丝毫不放松对自己的要求；不负责任者无论做什么，都轻率疏忽，一遇到问题就推脱、找借口。这就是两者最大的区别。

从前有一个将军，他驻守边境，骁勇善战，用兵如神，为国

家立下了不少汗马功劳。于是皇帝给了他很多奖赏，他的财富很多很多，权力也很大。

很多人都羡慕他的生活。尤其是军队里的士兵们，一个个都很想成为像他那样的将军。但将军似乎并不太快乐。

有一天，一个士兵看他闷闷不乐，便问他原因。将军说："我觉得自己一点都不幸福。"

士兵说："怎么会呢？你拥有这么多财富和权力，除了皇帝陛下，你就是世上最幸福的人了。"

可将军不以为然，他说："我们俩换换位置，你就知道为什么我觉得一点都不幸福了。"

就这样，将军让士兵当了一天将军，他的财富随便士兵怎么花，他的军队随便士兵怎么指挥。

士兵非常高兴。他坐在椅子上喝着美酒，看着手下成千上万的士兵，他感到得意极了。

正在这时，一名士兵冲上来报告，邻邦突然发动攻击，军队正向边境靠过来。士兵一下子慌了，他从椅子上站起来，不知道该怎么做，他竟然吓得两腿发抖。最后，只能无助地把目光投向了将军。

"发生什么事了？"将军问道。

"邻邦打过来了。我们该怎么办？"士兵说道。

"现在你是将军，怎么办应该是你说了算。"将军对士兵说。

"可是……"士兵一下子哑口无言，说也不是，不说也不是。

后来，军队还是在将军的带领下打退了入侵者。士兵找到将军，对他说："我终于明白了你的心情。除了我们看见的财富和权力，你还有更多的是责任。"

"没错，身为一个将军，就必须肩负起保家卫国的责任，必须冒各种风险。我不能随心所欲，必须随时保持警惕。我不能做出一个失误的决策，也不能放松自己。这就是我觉得自己并不快乐的原因。"

工作就意味着责任，没有不需要承担责任的工作。相反，我们的职位越高，权力越大，肩负的责任也就越重。职位越高，说明你的工作越重要。在工作中，如果遇到能够让自己担责的机会，就要尽可能去争取，做出比别人更出色的成绩。责任是能力的承载，有句老话：能者多劳。从责任角度来讲，一个人越能干，工作能力越强，那么他就可以承担起更多、更重要的责任，担任更重要的岗位。

在企业中，责任感是一名优秀员工最不能缺少的东西，忠于职守、尽职尽责永远是一个员工责任感和人生价值的最佳体现。工作之中，每一名员工都有自己的责任和使命，责任是一个人的立身之本，责任可以保证一个人的工作绩效。任何一名员工，只要踏上工作岗位，就必须承担责任，对工作要具有高度的责任感，这是最基本的职业素质与守则。不管从事什么职业，或处在什么岗位，每个人都有其担负的责任，都有自己分内应做的事情。做好分内的事情是每个人的职业本分，既然我们选择了这份工作，我们就应该承担起这份责任，因为工作就意味着责任。

如果一个人希望自己一直有杰出的表现，就必须在心中种下责任的种子，让责任感成为鞭策、激励、监督自己的力量。对于一名

优秀的员工来说，工作就意味着责任。

责任是什么？责任就是一个人必须承受的义务和必须担负的职责，是一种使命、一种义不容辞的道义。家庭需要责任，社会需要责任，企业更需要责任。

老板喜欢负责任的员工

经常有人说，"公民应该为国家承担责任""公民应该为社会承担责任""男人应该为家庭承担责任"，但很少有人说"员工应该为公司承担责任"，因为在这些人的眼里，只有老板才应该为公司承担责任。难道真的是这样的吗？

承担责任不分大小，只论需要。无论是大的责任还是小的责任，我们都应该承担。一丁点儿的不负责，就可能使一个百万富翁很快倾家荡产；而一丁点儿的负责任，却可能为一个公司挽回数以千万计的损失。每个老板都很清楚自己最需要什么样的员工，哪怕我们是一名做着最不起眼工作的普通员工，只要我们担当起了自己的责任，我们就是老板最需要的员工。

社会学家戴维斯说："自己放弃了对社会的责任，就意味着放弃了自身在这个社会中更好生存的机会。"同样，如果一个员工放弃了对公司的责任，也就放弃了在公司中获得更好发展的机会。在这个世界上，每个人都扮演了不同的角色，每一种角色又都承担了不同的责任，从某种程度上说，对角色的饰演就是对责任的完成。坚守责任就是坚守我们自己最根本的人生义务。作为企业的一名员工，我们在公司里面也扮演了一个角色，理所当然地要去承担责任。

一个人的成长与事业的发展是同步的。我们常说一个人需要不断地成长，不是简单地指一个人身体的自然生长，而是说一个人首先能够在社会上立足，然后取得一定的发展。所谓"三十而立"，"立"的是一个人的家庭与事业。要想在当今这个竞争激烈的社会取得一席之地，并且能够"立得起""立得住""立得稳"，就必须要有事业，因为事业才是一个人在社会上立足的根本。事业是基础，是保障，事业越发展，意味着一个人越成功、越成熟。当然，事业也不是一蹴而就的，正如一个人不可能生下来就会跑、就会跳一样，它也需要从基础开始，脚踏实地从每件事情做起。换言之，一个人要成长，要想事业有成，就必须有一个成长与发展的平台，这个平台就是工作。如果没有企业提供工作机会与岗位，不要说是成长与发展，就连生存可能都存在危机。因而，任何一个要想成就自己职业生涯的员工，都应懂得去珍惜每一个工作岗位、每一次工作的机会。只有这样，才可能达到自己职业生涯的高峰。

明白了个人成长与事业发展同步的道理，还需要落实到具体的行动上。这行动便是脚踏实地去做好每件事，认真完成每项任务。"没有最好，只有更好"，任何一个岗位，任何一项工作，只要用心去做，总能做好。没有做不好的工作，只有不想做的心思。很多人之所以一事无成，或者总处于一种半瓶水的状态，最重要的一个原因就在于缺乏持久的恒心与毅力。

要知道逃避责任只会自食恶果。不愿承担责任的员工，很难

把自己的本职工作做到尽善尽美。而员工的第一职责就是做好本职工作，只有把本职工作做到最好，才能得到企业的支持和领导的认可。如果不能把本职工作做好，最终的结果就是被公司辞退，这是毫无疑问的。

微软初创业时，一天，一名叫丽塔的女雇员匆匆走进比尔·盖茨的办公室，一屁股坐在椅子上。

她在公司客户服务部工作，几周以来，客户们纷纷打来电话抱怨货物发运有误，弄得她应接不暇。她对这种情况感到厌烦透了，要求比尔采取点措施，不然她就准备辞职了。

"好吧，丽塔。"比尔·盖茨像往常一样说，"我会搞清楚是怎么回事的。"

她道了谢，起身离去。

像丽塔这样的员工总能得到她们寻求的东西：一点安慰，一点保证。

但她却因此暴露了自己的心态：我是一个"小人物"，不应当成为处理问题的人；我只想每天来上班，一切都顺利就行，我可不想动脑筋并承担任何责任。

现如今的企业，老板越来越需要那些敢做敢当，勇于承担责任的员工。因为，在现代社会里，责任感是很重要的，不论对于家庭、公司、社交圈子都是如此。它意味着专注和忠诚。

西点军校认为："没有责任感的军官不是合格的军官。"那么，没有责任感的员工也不是优秀的员工，更不可能成为榜样员工！

坚决服从上司的指令，并让人们看到我们如何承担责任和如何从错误中吸取教训。这不仅仅是一种对待工作的态度，而且也会使同事和上司欣赏我们，信赖我们。

平凡不等于平庸。平凡是工作岗位，平庸是工作态度。在工作中，不论我们的工资是高还是低，每一名员工都应该保持良好的工作态度，都应该把自己看成是一名杰出的艺术家，而不是一个平庸的工匠，应该永远带着热情和信心去工作。作为一名员工，只有端正了态度，才能让平凡的工作闪光，也才能从事业中获取自己的人生价值。

实际上，任何一家企业的老板，都想自己的事业能做大做强。因此，他自然就需要一批兢兢业业、埋头苦干的下属，需要一些具有强烈敬业精神和强烈责任感的下属。所有敬业的员工，力求把工作做到最好的员工，肯定是老板最倚重的员工，也是最容易成功的员工。这是因为，如果我们的能力一般，敬业可以让我们走向更好；如果我们时刻想着把工作做到最好，敬业会把我们带向更成功的领域。

因此，对于任何一名员工来说，无论从事什么工作，即使是最平凡的岗位，都必须全心全意、尽职尽责地去做。只有这样，我们才能在自己的领域里变得出类拔萃，成为最受企业和老板欢迎的人。

在很多公司内，都有这样的员工：他们对工作负责是分时间和地点的，在上班时间，上司若在公司，他们会表现得很有责任感，能够认真地完成各项工作。但上司一旦脱离他们的视线，他们就会

偷奸耍滑，打私人电话聊天，甚至趁机跑出去办私事；只要下班时间一到，他们就会立即忙着收拾东西，哪怕再有几分钟就可完成的工作也要拖到第二天。

很显然，这样的员工缺乏责任感，他们的行为说明他们的工作责任意识非常淡薄。真正负责任的员工是不需要上司监督的，无论上司在不在身边，他们都会一样埋头认真工作；而且，负责任的员工无论何时、何地，只要与工作、与公司有关，都会主动承担起自己的责任。任何时候都始终如一地对工作负责，这样的员工才是老板需要的员工。

找借口就是推卸责任

借口是失败的温床，成功的大敌。它能够瓦解一个人成功的意念，削弱胜利的欲望，削减人的耐心。在成功的道路上，缺乏耐性的人总会为自己找到借口："这件事肯定不可能，对我来说它太漫长了。"正是这种借口让人心安理得地放弃了努力去做的想法。

可以说，找借口是世界上最容易办到的事情之一，只要我们存心拖延逃避，我们总能找出足够多的理由。因为把"事情太困难、太复杂、太花时间"等种种理由合理化，要比相信"只要我们更努力、更聪明、信心更强，就能完成任何事情"，进而通过努力去获得成功要容易得多。

找借口是一种不好的习惯。在遇到问题后不是积极、主动地去想方法加以解决，而是千方百计地寻找借口，我们的工作就会变得越来越拖沓，更不用说什么高效率。借口变成了一块挡箭牌，一旦什么事情办砸了，就总能找出一些看似合理的借口来安慰自己，同时也以此去换得他人的理解和原谅。找到借口只是为了把自己的失败或过失掩盖掉，暂时人为制造一个安全的角落。但长期这样下去，借口就会变成一种习惯，就会成为失败的温床，人就会疏于努力，不再想方设法争取成功了。

现实工作中不知有多少人把自己宝贵的时间和精力放在了如何寻找一个合适的借口上，而忘记了自己应尽的职责！可以这么说：喜欢为自己的失败找借口的员工肯定是不努力工作的员工，至少，他没有端正工作态度。他们找出种种借口来掩饰失败，欺骗公司，他们不是一个诚实的人，也不是一个负责任的人。这样的人，在公司中不可能是非常称职的好员工，也绝不可能是公司可以信任的好员工，因此，很难得到大家的信赖和尊重。无数人就是因为养成了轻视工作、马虎拖延、惯于找借口的习惯，终致一生处于社会或公司的底层，不能出人头地，获得成功。

在工作中，每个人应该去做的就是要充分地发挥自己的最大主观能动性去努力地工作以获得成功，而不是浪费时间去为失败寻找借口以博取别人的同情和理解。因为公司安排我们某个职位，是为了解决工作中的问题，为公司谋求利益，而不是来听我们对困难的长篇大论。

找借口、推卸责任，对公司具有很大的危害性，所以有的人会说："公司经营好坏和我有什么关系呢？我只不过是被雇用的员工，公司垮了，我大不了另找一份工作，个人并没什么损失。"其

实，利用借口逃避责任，最大的受害方，并不是公司，而恰恰是那些找借口的人。

由众多人集合而成的一个企业，其中的每一个人都承载着关系企业兴衰成败的责任，不可推卸。

如果工作业绩不佳，不要找太多借口为自己开脱，最大的原因是我们不够努力，也许，我们告诉自己我并没有消极怠工，我仍在勤勤恳恳地工作，可是我们工作的质量已经大打折扣了。这样工作的结果，在损害公司利益的同时，也会害了我们自己。

责任感是人走向社会的关键，是一个人在社会上立足的重要资本。任何一个企业总是希望把每一份工作都交给责任感强的人，谁也不会把重要的职位交给一个遇到问题总是推三阻四、找出一大堆借口的人。

一个公司，只有每个人都能做到"公司兴亡，我有责任"，这样的公司才能有竞争力和凝聚力，并且能够永远走在别人的前面。因为，如果公司的每个员工都能主动负责，哪有不兴盛的道理？所以说，每个职员都应该把责任揽到自己身上来，而不是推出去。

承担责任还有一个最本质的要求，就是当工作出了问题时要勇于承认，不能推诿塞责。所谓危难时刻见真心，企业里面再没有比面临上司追究责任更尴尬的事情了，这时更要表现出自己的风骨。这个问题处理不好，在上司、同事、下属身上都会产生很严重的负面影响。要给上司形成一个勇于承担责任的形象，只要有一点错误，就去承认，不进行任何辩解，不去找客观理由。

领导的信任建立于我们的责任之上，我们总想推卸责任，领导自然就会选择那些敢于承担责任的人，为他们创造更多的成功条件。与不推卸责任相关的，就是我们的工作积极性和认真态度，做好这两点，我们就会出类拔萃。责任不是别人给我们强加的负担，而是我们敢于挑战自己的积极选择！

推卸责任就是拒绝成功

在工作中，每当事情办砸、任务没有完成的时候，我们听到最多的就是"我不知道""我不知道怎么会这样""我想尽了办法，但不知道怎样才能改善""都是他们出的主意，我不知道他们的初衷"……或许事情确实像我们所说的那样，也许我们真的是什么都不知道，但是这样的态度却不可原谅，可以说这是典型的不负责任的态度。因为不论是一个什么样的组织机构，彼此之间总会有着某些直接、间接的关系，所以在遇到问题和困难时，我们所应该做的就是要想办法怎样去解决问题，而不是两手一摊说"我不知道"，把自己撇得干干净净。

麦克是一家家具销售公司的部门经理。有一次，他听到一个秘密消息：公司高层决定安排他们这个部门的人到外地去处理一项非常难缠的业务。他知道这项业务非常棘手，难度非常大，所以便提前一天请了假。第二天，上面安排任务，恰好他不在，便直接把任务交代给他的助手，让他的助手向他转达。当他的助手打他的手机向他汇报这件事情时，他便以自己身体有病为借口，

175

让助手顶替自己前去处理这项事务。同时，他也把处理这项事务的具体操作办法在电话中教给了助手。

半个月后，事情办砸了，他怕公司高层追究自己的责任，便以自己已经请假为借口，谎称自己不知道这件事情的具体情况，一切都是助手办理的。他想，助手是总裁安排到自己身边的人，出了事，让他顶着，在公司高层面前还有一个回旋的余地，假若让自己来承担这件事的责任，恐怕有被降职罚薪的危险。但是，纸是包不住火的，当总裁知道事情的真相后，便毫不犹豫地辞退了他。

与之相反，20世纪末，在美国得州的瓦柯镇一个异端宗教的大本营内，发生了邪教徒的父母被杀事件，同时，在这次事件中，还有10名正在查案的联邦调查局的探员也遭到杀害。可以说在当时这是一件震惊美国的大事，也正是因为这次事件，负责该案的美国司法部部长珍纳·李诺在众议院遭到许多议员们的愤怒指责，他们认为她应该对这起惨剧负责。

面对千夫所指，珍纳颤抖地说："我从没有把他们的死亡合理化。各位议员，这件事带给我的震撼远比你们想象的要强烈得多。的确，他们的死亡，我难辞其咎。不过，最重要的是，各位议员，我不愿意加入互相指责的行列。"很明显，她愿意为这次事件担起所有责任，接受谴责，并愿意去积极想办法来处理好这次事件。同时，她的这番话也使众多的议员们为之折服，大众传媒也深受感动，所以也就没有去过多地责难她。

另外，因为她一人担起所有的责任，没有推卸，也使本来会给政府带来灾难性后果的指责声减弱了。那些本来对政府打击邪教政策抱有怀疑态度的民众，也转变观念，开始支持政府的工作，所以尽管这是一次不幸的事件，最终却有了一个满意的处理结果。

面对指责勇于承担责任，显然是处理危机、解决问题的有效途径。现在公司里缺少的正是像珍纳这样高度负责的人。其实，老板最赏识的也正是这样的员工。承担起责任来吧，永远不要说你不知道。

推卸责任会让人失去成功的机会，但哪怕是一次微小的成功，都可能对人生产生重大的影响。不要让借口毁掉成功的可能性，人生的大辉煌正是由一次次的小成功铸就而成的。有人经常会这样对自己说："这件事太微不足道了，我何必费心去做呢。"正是这种借口让人心安理得地放弃了努力去做的想法。而找借口的人却不知道，解决大问题时所需的能力与经验，正是在解决这些小任务的过程中，不断历练出来的。

责任是出色地完成自己的工作，是个人的坚守，是人生的升华。一个人具备了强烈的责任感就会拥有较强的自信心和使命感，会不断进取，对工作投入极大的热情，会自觉地按时、按质、按量地完成工作任务，会主动处理好分内和分外的一些工作，以工作为重，在有人监督与无人监督的情况下都能主动承担责任而不是推卸责任。

在我们的身边就有具备这种精神的人。他们想尽办法去完成任务，而不是去寻找借口，哪怕看似合理的借口。他们爱岗敬业，对待工作百分之百地执行，一丝不苟。他们具有强烈的责任感，荣誉感和纪律意识，自信、诚实、主动、敬业，从而成为可信赖的和承担企业重任的骨干力量。

同时，在日常工作中，我们也会经常听到各种各样的借口，"这肯定不行""那是不可能的""我不太懂""我可能做不好的""到时候再说吧"。在每个借口的背后，都隐藏着许多潜台词，只是我们不好意思说出来，这个借口是让我们暂时逃避了困难和责任，获得了一种没能完成任务的心理安慰，而这种安慰可能是致命的。它对我们的现存状态无动于衷，并且给我们一种心理暗示：我们克服不了客观条件造成的困难。在这种心理的引导下，我们就更不会去思考克服困难、完成任务的方法了。为自己寻找借口所带来的危害会让我们失去一次次成长和锻炼的机会，失去别人对我们的信任。

美国的一位成功学家格兰特纳说过这样的话："如果你有自己系鞋带的能力，你就有上天摘星星的机会！让我们改变对借口的态度，把寻找借口的时间和精力用到努力工作中来。因为工作中没有借口，人生中没有借口，失败没有借口，成功也不属于那些寻找借口的人！"

所以，对待"借口"，我们的态度应当是坚决摒弃。作为企业的一名员工，应当融入"没有借口"的思想，全身心地投入到工作中，努力去寻找解决问题的方案，以平和的心态，认真对待每一项工作。相信通过大家的努力，伴随着暂时的失败带来的借口会慢慢变少，完成任务的喜悦也会逐渐增加。

在工作中，也许我们总是不自觉地把困难的事情交给别人或不断拖延，从而也就造成了被动和工作的平庸，由此进一步影响了工作的效能。拖延的背后是人的惰性在作怪，而借口是我们对惰性的纵容。那我们又该怎样远离借口呢？

不要让推卸责任成为习惯。也许你会否定这种看法："推卸责任可以和习惯联系在一块吗？有这么严重吗？"是的，正是这种经常性的习惯在影响我们的潜意识，我们的潜意识在影响着我们的行为习惯。所以，我们应该加强自己的责任感与主动性，并让主动性与责任感带着我们驶向更为宽广的领域。成功属于那些不推卸责任的人。

让工作成为我们的习惯，让工作成为我们的爱好，这样，因为有爱，所以我们会想方法对所爱之物作出贡献，工作中的执行力度也会越来越强。

工作给予了我们生活的保障、心智的发展与自我的完善，也给予了我们对未来的憧憬、奋斗的激情与灵感的原动力。所以，我们有必要将它视为珍爱之物，并将它养成好习惯。

明确责任，承担责任

每个人一生下来都会有一份责任，而不同时期责任却不一样，在家里我们要对家人负责，工作中我们就要对工作负责。

也正因为存在这样那样的责任，我们才会对自己的行为有所约束。遇到问题便找寻各种借口将本应由我们承担的责任转嫁给社会或他人，那是极为不负责任的表现。更为糟糕的是，一旦养成这样的习惯，那我们的责任感将会随之烟消云散，而一个没有责任感的人，是很难取得什么成功的。

企业中每个人都有自己的责任，只有认清自己的责任，才能知道该如何承担责任，正所谓"责任明确，利益直接"。有些人之所以工作出现问题，就是因为不清楚自己的责任造成的。他们把本该属于自己的责任看成是与自己无关，所以没有尽心尽力地去做。当他们认清自己的责任，知道哪些是自己分内必须做好的，哪些是在做好分内工作的基础上才可以做的，他们才不会顾此失彼，才会主次兼顾，才会把决定要做的事情做好。做好该做的事情，是一种崇高的责任，也是优秀员工必须具备的品质。当我们明确了自己的责任后，我们才会统筹安排，拿出最佳的方案，真正把劲儿使在刀刃上，效率与质量并重，把工作做得趋于完美、无可挑剔。

在一个公司的组织中，每一个部门、每一个人都有自己独特的角色与责任，彼此之间互相合作，才能保证公司的良性运转。因此，我们学会认清责任，是为了更好地承担责任。首先要知道自己能够做什么，然后才知道自己该如何去做，最后再去想我怎样做才能够做得更好。

另外，认清自己的责任，还有一点好处就是可以减少对责任的推诿。只有责任界限模糊的时候，人们才容易互相推脱责任。在公司里，尤其要明确责任。

其实，负责任也是相对应的，特别是工作中，如果我们对自己的工作不负责任，那最终也就是对我们的薪水和前途不负责任。可以说，工作中并没有绝对无法完成的事情，只要我们相信自己比别的员工更出色，我们就一定能够承担起任何正常职业生涯中的责任。只要我们不把借口摆在面前，就能做好一切，就完全能够做到对工作尽职尽责。"记住，这是我们的责任。"这是每位员工必须牢记的。

美国独立企业联盟主席杰克·法里斯年少时曾在父亲的加油站从事汽车清洗和打蜡工作，工作期间他曾碰到过一位难缠的老太太。每次当法里斯给她把车弄好时，她都要再仔细检查一遍，然后让法里斯重新打扫，直到清除每一点棉绒和灰尘，她才满意。

后来法里斯受不了了，便去跟他父亲说了这件事，而他的父亲告诫他说："孩子，记住，这是你的工作！不管顾客说什么或做什么，你都要记住做好你的工作，并以应有的礼貌去对待顾客。"

查姆斯在担任"国家收银机公司"销售经理期间，该公司的财政发生了困难。这件事被驻外负责推销的销售人员知道了，工作热情大打折扣，销售量开始下滑。到后来，销售部门不得不召集全美各地的销售人员开一次大会。查姆斯亲自主持会议。

首先是由各位销售人员发言，似乎每个人都有一段最令人同情的悲惨故事要向大家倾诉：商业不景气，资金短缺，人们都希望等到总统大选揭晓以后再买东西等。

当第五个销售员开始列举使他无法完成销售配额的种种困难时，查姆斯再也坐不住了，他突然跳到了会议桌上，高举双手，要求大家肃静。然后他说："停止，我命令大会停止10分钟，让我把我的皮鞋擦亮。"

然后，他叫来坐在附近的一名黑人小工，让他把擦鞋工具箱拿来，并要求这位小工把他的皮鞋擦亮，而他就站在桌子上不动。

在场的销售员都惊呆了。人们开始窃窃私语，觉得查姆斯简

181

直是疯了。

皮鞋擦亮以后，查姆斯站在桌子上开始了他的演讲。他说："我希望你们每个人，好好看看这位小工友，他拥有在我们整个工厂和办公室内擦鞋的特权。他的前任是位白人小男孩，年纪比他大得多。尽管公司每周补助他5美元，而且工厂内有数千名员工都可以作为他的顾客，但他仍然无法从这个公司赚取足以维持他生活的费用。"

"而这位黑人小工友他不仅不需要公司补贴薪水，而且每周还可以存下一点钱来，可以说他和他的前任的工作环境完全相同，在同一家工厂内，工作的对象也完全一样。"

"现在我问诸位一个问题：那个白人小男孩拉不到更多的生意，是谁的错？是他的错还是顾客的错？"

那些推销员们不约而同地说："当然了，是那个小男孩的错。"

"是的，确实如此，"查姆斯接着说，"现在我要告诉你们的是，你们现在推销的收银机和去年的完全相同，同样的地区、同样的对象以及同样的商业条件。但是，你们的销售业绩却大不如去年。这是谁的错？是你们的错还是顾客的错？"

同样又传来如雷般的回答："当然，是我们的错。"

"我很高兴，你们能坦率承认自己的错误。"查姆斯继续说，"我现在要告诉你们，你们的错误就在于：你们听到了有关公司财务陷入危机的传说，这影响了你们的工作热情，因此你们就不像以前那般努力了。只要你们回到自己的销售地区，并保证在以后30天之内，每人卖出5台收银机，那么，本公司就不会再发生什么财务危机了。请记住你们的工作是什么，你们愿意这样去做吗？"

下边的人异口同声地回答："愿意！"

后来他们也果然办到了。那些被推销员们曾强调的种种借口：商业不景气，资金短缺，人们都希望等到总统大选揭晓后再买东西等，仿佛根本不存在似的，统统消失了。

工作中不要求自己尽职尽责的员工，永远算不上是个好员工。

假如说一名车床工人时常抱怨机器的轰鸣，那他还会成为优秀的技工吗？

记住，这是我们的责任！

然而在企业中我们却常常见到这样的员工：他们总是想着过一天算一天，不断抱怨自己的环境，责任感可有可无，做事情能省力就省力，遇到困难时就强调这样或那样的借口。

可以说，一名优秀的员工是不会在工作中找借口的，他会牢记自己的工作使命，努力把本职工作变成一种艺术，在工作中超越雇用关系，怀着一颗感恩的心，肩负起团队的责任和使命。严格要求自己，勇敢地担负起属于自己的那份责任，全力以赴，做到最好。

有一位伟人曾说："人生所有的履历都必须排在勇于负责的精神之后。"责任能够让一个人具有最佳的精神状态，精力旺盛地投入工作，并将自己的潜能发挥到极致。当我们在为企业工作时，无论领导安排我们在哪个位置上，都不要轻视自己的工作，要担负起工作的责任来。那些在工作中推三阻四，老是埋怨环境，寻找各种借口为自己开脱的人，对这也不满意，对那也不满意的人，往往是

职场中的被动者。他们不知道用奋斗来担负起自己的责任，而自身的能力只有通过尽职尽责的工作才能完美地展现。能力，永远由责任来承载，而责任本身就是一种能力。

承担责任，是一种付出，一种奉献，过后必定会获得丰厚的回报。如果我们为社会和公司创造了价值，我们也就为自己创造了价值，并且为自己提供了机会。无论是社会还是公司，总会把机会给予有价值的人，因为这样的人可以利用这些机会，去创造更多更大的价值。在现实工作中，做得越多的人，总是成长得越快；相反，不肯负责的人，常常止步不前。

人生的价值，不是以"得到"来计算，而是以"付出"来计算的。

一个企业一定要有明确的责任体系。权责不明不仅会出现责任真空，而且还容易导致各部门之间或者员工之间互相推诿责任，把自己置于责任之外，这样做使整个公司的利益受到损害。明确的责任体系，是让每一个人都清楚自己做什么，应该怎么做。

"当一群人为了达到某个目标而组织在一起时，这个团队立即产生唇齿相依的关系。"目标是否能实现，是否能达到预期的工作绩效，取决于团队中的成员是否都能对自己负责，彼此负责，最终对整个团队负责。明确责任体系就是要保证成员能够成功地完成这一任务。

此外，明确责任体系还可以使团队中的成员能够依据这个责任体系建立权责明确的工作关系。这样，团队中的成员对自己的任务就是责无旁贷的，而且有助于成员之间彼此信守工作承诺，最终确保任务的完成。

一位成功学大师说过："认清自己在做些什么，就已经完成了一半的责任。"

要想清楚自己在做什么，有什么责任，首先应该确认自己的位置。整个公司是一个大机器，每个零件的作用都是不一样的。我们在整个机器上是个什么位置，自己应该清楚。比如，我们是一家公司的销售人员，与我们直接打交道的一是经销商，二是商品。所以我们的责任是管理好商品，处理好公司与经销商之间的关系，让他们成为公司永久的"上帝"。如果我们不清楚自己公司产品的竞争优势和公司的经营战略，不清楚经销商的经营思路和资金实力，那么这就是我们的失职。这种失职有两种原因：一是你没有认清自己的责任，二是我们不负责任。不过，归于一点就是缺乏责任感。

只有清楚自己在整个公司中处于什么样的位置，在这个位置上应该做些什么，然后把自己该做的事情做好，这才是为公司承担责任，才是真正的负责任。

对工作负责，有始有终

尽职尽责地对待自己的工作，无论自己的工作是什么，重要的是我们是否真正做好了自己的工作。在每个人的生活当中，有大部分的时间是和工作联系在一起的。放弃了对社会的责任，也就背弃了对自己所负使命的忠诚和信守。

缺乏责任的意识，那么个人的能力也就失去了用武之地。所

以，在企业里，责任保证了能力的实现。无论我们有多么强的能力，还是要通过尽职尽责的工作，才能完美地展现出来。

真正的负责，是不以个人功利为目的的。任何时候都始终如一地对工作负责，才是真正意义上的负责。

随着市场竞争的加剧，在执行工作任务的过程中，时间上可能会很紧迫，需要执行者能够不计时间的长短和地点的远近，坚定地执行下去。试想，当一项任务需要加班时，我们能对上司说"抱歉，我已经下班了吗"？当上司安排我们去做一项社会调查，我们就能心安理得地偷懒吗？对工作高度负责的员工，是不需要老板或上司安排或者嘱咐的，他们会积极主动地加班加点，抢在对手前面完成任务。无论是在上下班的途中，还是在家中休息，都会考虑如何才能尽善尽美地解决难题，完成任务。

无论在什么时候，都要始终如一地对工作负责，这才是真正的负责。如果一个人具备了这种高度负责的精神，就没有什么事情能够难得住他，就没有什么任务不能尽善尽美地完成。任何一家公司，只要能够形成这种高度负责的企业文化，就没有什么战略执行不下去，公司的绩效自然就会大大提高。

工作要做对，更要做到位。做事要有始有终，要把工作做完整。然而，在现实中，有些人做事虎头蛇尾。他们做事时只有一个很好的开头，却没有一个令人满意的结尾，给人留下一种有始无终、只重开始不管结果的印象。在工作中，我们常常遇到这种有头无尾或者虎头蛇尾的情况。

对于做事有头无尾、有始无终的人，有一幅很形象的漫画，画中人挖了无数的水井，都没挖到头，他也永远喝不到水。这样做事总是半途而废的人，人们是不敢把重要的任务交给他的。

许多人之所以无法取得成功，不是因为他们能力不够、热情不足，而是缺乏一种坚持不懈的精神。他们工作时往往虎头蛇尾、有始无终，做事东拼西凑、草草了事。他们对自己目标容易产生怀疑，行动也始终处于犹豫不决之中。比如，他们看准了一项工作，充满了热情开始去做，常常在刚做到一半时又会觉得另一份工作更有前途。他们时而信心百倍，时而又低落沮丧。可以说，这种人也许能短时间取得一些成就，但是，从长远来看，最终一定会是一个失败者。因为在这个世界上，没有一个做事虎头蛇尾、迟疑不决、优柔寡断的人能够获得真正的成功。

美国一位成功学家讲述了这样一个故事。

在好多年前，当时有一个人正要将一块木板钉在树上当隔板，贾金斯便走过去管闲事，说要帮那人一把。他说："你应该先把木板头子锯掉再钉上去。"于是，贾金斯找来锯子之后，还没有锯到两三下又撒手了，说要把锯子磨快些。

于是，贾金斯又去找锉刀。接着，又发现必须先在锉刀上安一个顺手的手柄。于是，他又去灌木丛中寻找小树，可砍树又得先磨快斧头。

磨快斧头需将磨石固定好，这又免不了要制作支撑磨石的木条。制作木条少不了木匠用的长凳，可这没有一套齐全的工具是不行的。于是，贾金斯到村里去找他所需要的工具，然而这一

走，就再也不见回来了。

贾金斯无论学什么都是虎头蛇尾、有始无终、半途而废。他曾经废寝忘食地攻读法语，但要真正掌握法语，必须首先对古法语有透彻的了解，而没有对拉丁语的全面掌握和理解，要想学好古法语是绝不可能的。贾金斯进而发现，掌握拉丁语的唯一途径是学习梵文，因此便一头扑进梵文的学习之中，可这就更加旷日废时了。

贾金斯从未获得过什么学位，他所受过的教育也始终没有用武之地。但他的先辈为他留下了一些本钱。他拿出10万美元投资办一家煤气厂，可是煤气所需的煤炭价钱昂贵，这使他大为亏本。于是，他以9万美元的售价把煤气厂转让出去，又开办起煤矿来。可这又不走运，因为采矿机械的耗资大得吓人。因此，贾金斯把在矿里拥有的股份变卖成8万美元，转入了煤矿机器制造业。从那以后，他便像一个滑冰者，在有关的各种工业部门中滑进滑出，没完没了……

职场中，有很多人就像故事中的贾金斯一样，做事虎头蛇尾、半途而废。而这样做，造成的损失不仅仅是工作没有完成，更重要的是，它有可能给我们带来心理上的挫折感，甚至可能使我们养成虎头蛇尾的工作习惯，而这将是一个人最大的损失。

对一位积极进取的员工来说，有始无终的工作恶习最具破坏性，也最具危险性。它会吞噬我们的进取之心，它会使我们与成功失之交臂，使我们永远不可能出色地完成任何任务。古人云："行百里者，半于九十。"就是这个道理。

从前有一位地毯商人，看到最美丽的地毯中央隆起了一块，便把它弄平了。但是在不远处，地毯又隆起了一块，他再把隆起的地方弄平。不一会儿，在一个新地方又再次隆起了一块，如此一而再、再而三，他试图弄平地毯，直到最后他拉起地毯的一角，看到一条蛇溜出去为止。

很多人解决问题，只是把问题从系统的一个部分推移到另一部分，或者只是完成一个大问题里面的一小部分，有始无终，并没有从实质上去解决问题。比如，工厂的某台机器坏了，负责维修的师傅只是做一下最简单的检查，只要机器能正常运转了，他们就停止对机器做一次彻底清查，只有当机器完全不能运转了，才会引起人们的警觉。这种只满足于小修小补的态度如果不转变，将会给公司和个人带来巨大的损失。

无论我们做的是什么职业，做多久，我们都应该要以一种善始善终的专注心态做好我们应该做的事情。这不仅仅是我们的职业道德所要求的，也是我们的人格魅力的体现。

许多人有一种把工作做了一会儿就放在一边的习惯。而且他们充分相信，他们似乎已经完成了什么。事实果真如此吗？这样做，犹如足球运动员在临门一脚的刹那间收回了脚，前功尽弃，白费力气。

做事不求彻底，有始无终，半途而废，不能善始善终地做完一

件事的人，最容易失去人们对他的信任。他们的工作最不可靠，一定是拖泥带水、纠缠不清，企业对这种人是不欢迎的。

善始善终地工作，不仅是一种责任，更是一种良好的品行。只有这样，我们才有可能将工作彻底做好、做到位。

第七章

超越责任——不要只做领导交代的事

> 在现代职场里，有两种人永远无法取得成功：一种是只做老板交代的事的人，另一种是做不好老板交代的事的人。只有那些不需要被人催促就主动去做事，而且不半途而废的人才会成功。

主动找事做，不要等别人来安排

成功的人很早就明白，什么事情都要自己主动争取，而不是被动地等待别人来安排。没有人能保证我们的成功，只有我们自己；也没有人能阻挠我们的成功，只有我们自己。

许多人每天忙碌地奔波，为工作，为生活，但他们大多会很茫然。每天重复着上班、下班，到时领取属于自己的那份薪水，在那一刻高兴或者抱怨，然后，明天依旧上班、下班，重复地过着每一天。他们很少，或者从不去思索关于工作的问题，可以想象他们都只是在被动地应付工作，为了工作而工作。而事实恰恰证明，这样的人虽然目前看起来似乎衣食无忧，但缺少对未来的规划和积极主动、进取的精神，他们的生活平静只会是暂时的。

一个人最可怕的不是缺少知识、没有优点，而是缺乏积极主动的心态。一个缺乏积极主动心态的人，工作对他们来说只是一个可以养家糊口的工具，甚至成了一种负担、一种逃避，他们也根本没有做到工作要求的那么多、那么好。他们没有在工作中投入自己全部的热情和智能，他们只是在机械地完成任务，而不是在主动地、创造性地工作。

那些成功者告诉我们，无论事情多简单，还是多复杂；是自己感兴趣的，还是不感兴趣，甚至厌恶的，他们都会主动去寻求解决

192

的办法，从来不会逃避。这也是他们能够成功的原因之一。一个人只有对自己的工作尽心尽责，并主动完成任务，才能在事业上取得成就。主动，就是不用别人告诉我们，我们就能自觉出色地完成任务。主动要求承担更多的工作或自动承担更多的工作是一个优秀员工必备的素质。我们的主动也会给自己赢得更多的机会。

主动本身就是一种特殊的行动，是一种美德。那些积极主动去做好本职工作的人，不管在哪一行都很吃香，他们的位置自然得到了巩固。

主动性、自发性的基本构成要素是进取心。

主动的员工，会时刻想着自己能为公司多做点什么。

进取心是一种极为珍贵的美德。它促使一个人去做他应该做的事，而不是接到老板的吩咐后，以一种被动的状态，不得已才去做。

具有强烈进取心的员工，在进取心的驱使下，总是积极主动地去做好本职工作。因此他们工作时，不会有压抑感，而是享受工作带给他们的乐趣，有一种非常愉悦的感觉。此时，他们所从事的工作，已经不再是原来意义上的那种工作了，而是成了一种非常有趣的游戏。

要想成为有进取心的人，你必须克服拖延时间的恶习，养成一种主动性、自愿性的好习惯。

当今的商业社会与以往大不相同，企业与职工的关系也发生了变化。老板不是只需要会干活的机器，员工也不是只需要能挣钱就行的岗位。激烈的竞争、紧张的节奏、众多的变数，都要求员工不能坐以待毙，要主动给自己找事做。

一家大公司的老板的体会是这样的，他说："我们这一行最迫切需要的，就是想办法增加'能想又能做的人'。我们的生产与行销体系中，没有一件事是不能改进的，也就是说，都可以做得更好。我可没有说目前大家做得不好，大家确实很努力。然而向所有发展的大公司一样，我们也很需要新产品、新市场以及新的办事程序，这就要靠积极主动又能干的人来推进。"

永远主动找事做，而非等事做。这是衡量一个员工主动的唯一尺码，也是一个想要成事的员工必备的素质。

作为一名有抱负的职场人士，许多时候，由于经验的缺乏和知识储备的欠缺，很容易被工作中的困难绊住手脚，这就需要平日里主动学习和充电。或许我们现在所学习的东西尚无用武之地，但是有朝一日它会助我们一臂之力。

现在社会竞争激烈，无论是企业还是个人都必须在激烈的环境中求生存。工作守则已经发生了改变：不仅要做听话的好员工，更要做善于动脑筋、敢于创新、能够积极主动地站在企业立场上做事的好员工。因此，企业要求员工能够主动提高自己，能够更多地注意工作中的细节，能把自己的能量最大地发挥出来。换句话说，也就是要多为公司着想。

一旦我们明白了这个道理，往日枯燥乏味的工作立刻会变得生动有趣起来。我们越是专注自己的工作，我们学到的东西就越多，我们的工作就完成得越出色。

成功者做事不需要任何人来指导，失败者则只做老板吩咐不得不做的事。我们的专长，应该取人所长，补己所短，让自己成为一个各方面都略知一二的人。这样当机会来临时就不至于措手不及，与之失之交臂了。

　　还有一种我们常见的人就是俯首甘为孺子牛型的员工。他们对公司的忠诚和任劳任怨无可厚非，但一个不争的事实是他们的价值是十分有限的。他们已经失去了主动性和创造性，对于一些新鲜的事物避之唯恐不及。在关键时刻，更不能出来独当一面、力挽狂澜，拯救公司于水火之中就更不用提了。他们凭借着自己的老资格在办公室里倚老卖老，最本能的反应就是随时听候老板的命令，老板让他往东绝不往西，甚至不考虑对错，这种行为显然是盲目的。而这种"寄生虫"式的员工早已不能适应现代企业的需求，因为不能为企业创造价值和带来更大的利润，他们也将是被最先淘汰掉的对象。

　　从雇佣关系方面讲，现在已经没有铁饭碗了，更不要指望进了某个单位就等于单位要对你负责到底了。当然，现代员工也没有人会一辈子选择一个公司。那些事事等着被人催促，只限于完成任务的员工，将会越来越力不从心；那些能自己管理、领导自己的员工，才是雇主和企业到处寻找的人。

　　一个想要成就事业的员工，他们需要学习的机会，增加知识、培养技能。而工作中一个很好的学习途径就是自己主动做事，从做事中发现自己的不足从而提高自己。如果他能够运用个人的最佳判断和努力主动出击，同时他的创造力得到了公司的尊重和市场的认可，那他就因此得到了锻炼和提升，他也就掌握了不断适应市场变化的宝贵财富。

　　作为一名好员工应该永远主动找事做，而非等事做，应该以饱满的激情、富有创造性的探索、高度的敬业精神全身心地投入到工

作中。饱满向上的热情会时刻鞭策着我们向目标而努力奋斗，而富有创造性的探索精神会让我们始终保持最佳的判断，把需要做的事做好。这是一种工作态度，也是一种对事业的追求，只有拥有强烈的事业心和责任感的人，才能充分发挥个人的主观能动性，去积极追求、积极探索，从而实现自我、超越自我。

做事的永远在做事，不做事的永远不做事；

做事的主动找事做，不做事的有事也不做；

做事的有做不完的事，不做事的无事可做；

做事的做了大事也认为是小事，不做事的做了小事也说成了是了不起的大事；

做事的整天埋头做事，不做事的整天满腹心事；

做事的不注意不做事的，不做事的很"关注"做事的；

做事的实实在在做事，不做事的看人行事；

做事的往往不会来事，不做事的专门研究如何"来事"；

做事的常遇到难办的苦差事，不做事的无所事事还煞有介事；

做事的要向不做事的汇报所做的事，不做事的总是批评做事的；

做事的总把不做事的指责当回事，不做事的最爱无事找事搞得你做不了事。

成功的机会总是在寻找那些能够主动做事的人，可是很多人根本就没有意识到这点，因为他们早已习惯了等待。只有当你主动、真诚地提供真正有用的服务时，成功才会随之而来。每一个老板也都在寻找能够主动做事的人，并以他们的表现来奖励他们。

不必老板千叮咛万嘱咐

比尔·盖茨说过："一个好员工，应该是一个积极主动去做事、积极主动去提高自身技能的人。这样的人，不必依靠强制手段去激发他的主观能动性。"身为公司的一员，我们不应该只是局限于完成领导交给自己的任务，而要站在公司的立场上，在领导没有交代的时候，积极寻找自己应该做的事情，主动地完成额外的任务，出色地为公司创造更多的财富，同时也扩大了自己发展的空间。

在我们的企业里，很多员工常常要等老板交代做什么事，怎么做之后，才开始工作。殊不知，这种只是"听命行事"或"等待老板吩咐"去做事的人，已不再符合新经济时代"最优秀员工"的标准。时下，企业需要的、老板要找的是那种不必老板交代就积极主动做事的员工。

在任何时候都不要消极等待，企业不需要"守株待兔"之人。在竞争异常激烈的年代，被动就要挨打，主动才可以占据优势地位。所以要行动起来，随时随地把握机会，并展现出超乎他人要求的工作表现，还要拥有"为了完成任务，必要时不惜打破常规"的智慧和判断力，这样才能赢得老板的信任，并在工作中创造出更为广阔的发展空间。

事实上，无论客户、上司还是老板，真正存心挑剔的时候并不多。他们提出的要求，都是迫于某种需要。客户担心产品出问题，上司怕工作质量影响业绩，老板则更是迫于市场的巨大压力才严格要求，因为他从来都无法对市场说："我已经做得够好的了，你降低要求吧！"市场是无情的，有时可能只比竞争对手稍逊一点点，就会被淘汰出局。

不认真执行的人，会为自己的偷懒行为付出更多的辛劳。只有坚决执行，把事情一次做到位，才有可能事半功倍。

坚决执行，并不是叫员工去当"听话的奴隶"。公司，是众多人为了共同的目的而集合在一起协作互动的场所，它需要人们有秩序地活动。如果每位员工都随心所欲地各行其是，公司则不成体统。因此，公司要有种种分工、种种协作。但仅靠一个人的努力，整个公司的工作也是无法进行的。因此，公司需要设置组织层级，确定领导一个组织以及制订计划的"首脑"。而认真执行领导的指示，便成了每位员工的义务。

优秀的员工，具有一种卓越的自我管理能力，他们绝不会放任自己，对领导和老板的指令会坚决执行。

渴望成功的人首先必须有明确的人生目标。如果我们坚信自己一定会成功，那么，我们达到目标的机会一定就会更大。换句话说，成功的关键在于行动。

行动是一种动机，是一种对成功的渴望，是一种不达目的誓不罢休的坚强意志。因此，我们在着手进行一项计划之前，先要了解自己的目标是否正确，自己的意志是否坚定。问自己："我是否想要以不懈的努力、顽强的斗志、积极的行动去获得成功，或者我希望不劳而获？"向别人证明我们的主动非常困难，但是我们必须随时准备好，努力去做到。

面对困难时，我们对于达到目标的坚定意志，将会支持我们度过艰难的时期。主动，是达成我们自己的人生目标的关键性的一步。

在我们的人生历程中，我们不能凭一种"懒汉"的行为去对待自己，我们应该用一种积极主动的态度去对待人生。有些人在工作中，总是用一种平庸的心态来对待工作，他们通常认为自己的付出只要对得起从公司拿到的薪水就行了。他们不会主动加班，也不会积极主动地去完成工作；他们稍遇挫折就心灰意冷，总觉得这个社会欠他太多；他们总是抱着平庸的态度去做事，结果也就以平庸收场。

一个人的工作有没有主动性、有没有追求完美的精神，对工作的影响是很大的。有主动性的人，他们不会仅仅看到自己的工作，而且有着一种超越的胸怀，把目光盯向目标。他们非常看重自己应该承担的责任，常常会反省自问："我是否对我的人生有着更好的向往，我是否对我所在的公司作出了贡献，这种贡献是否对企业的业绩和成果产生了深远的影响？"

所以说，要想达到事业的顶峰，我们就要具备积极主动、永争第一的品质，不管我们做的是多么令人看不起的工作。

成大事者与平庸人之间最大的区别就是：前者善于自我激励，有种自我推动的力量促使他去工作，并且敢于自我担当一切责任。成功的要诀就在于要对自己的行为有切实的担当，没有人能够阻止我们成功，但也没有人可以真正赋予我们成功的动力。

因此，我们不应该抱有"我必须为老板做什么"的想法，而应该多想想"我能为老板做些什么"。一般人认为，忠实可靠、尽职尽责完成分配的任务就可以了，事实上，这还远远不够，尤其是对于那些刚刚踏入社会的年轻人来说更是如此。要想取得成功，必须做得更多更好。

付出多少，得到多少，这是一个众所周知的因果法则。也许我们的投入无法立刻得到相应的回报，但我们不必气馁，应该一如既往地多付出一点。回报可能会在不经意间以出人意料的方式出现。最常见的回报是晋升和加薪。除了老板以外，回报也可能来自他人，以一种间接的方式来实现。

我们经常会听到这样一种说法：成功的人和不成功的人最大的区别就是，成功的人做事都积极主动，而那些不成功的人做事则大多都消极被动。

主动是一种积极的人生态度，代表着自身的一种创造力，主动地思考、积极地行动，会让人们在接触事物的过程中扩大主观的认知视野。所谓举一反三、触类旁通、顺藤摸瓜，实际上都是主动思维的另类诠释与最好的证明。主动的人能接触到更多的信息与资源，这对处世的灵活性、多样性、成功性都大有帮助。同时，主动的思维会带来积极的行动，行为上的主动会引起良好的外界反馈，这样才能够进一步刺激到自己的大脑神经细胞，从而产生一种积极的思维。这样一种良性循环，能够让人们在处理好事情的同时，最大限度地发挥自身的能动性，以便创造出更大的价值，由此体会到一种价值感和幸福感。

主动是种精神，反映在人的思维、行动以及整体的气质面貌上。它可以拓展人的思维，更大限度地促进人的潜能开发。不像消极的人，什么都是在被动接受中进行的，那种被外物牵着鼻子走的生活方式会消磨人的意志，抑制人能力的发挥，生活也会变得越来越糟。

要行动，不要心动

行动才会产生结果，行动就是成功的保证。如果我们想成为一名深受老板喜欢的优秀员工，最好的选择便是立刻行动起来。或许，老板并不了解每个员工的表现，也不会熟知每一份工作的细节。但是一位优秀的管理者很清楚，努力最终带来的结果是什么。可以肯定的是，升迁和奖励是不会落在懒惰者身上的。

任何一个企业老板，都希望自己拥有一批能主动工作、带着思考进行工作的优秀员工。因为任何一个老板都知道，只有那些准确领悟自己的指令，并主动加上本身的智慧和才干，把指令内容做得比预期还要好的员工，才能给企业带来最大的利益。

每个老板都是忙碌的，体力难免有透支的时候，这时候，他迫切希望自己的员工能分担一部分工作。

有些员工在老板忙得焦头烂额时，不是主动请缨，而是处处避让，这样的员工不可能得到老板的重视。一个主动工作的员工，应该主动请缨去帮助自己的老板。特别是在老板工作忙碌时，如果我

们能挺身而出，在危难时刻施以援手，一旦老板的难题得到解决，我们就会在他的心目中占据越来越重要的位置。

年轻的斯林，在短期内被提升到公司的管理层。有人问他成功的诀窍时，他答道："在试用期内，我发现每天下班后员工都回家了，而老板却常常工作到深夜。我希望能够有更多的时间学习一些业务上的东西，就留在办公室里，同时给老板提供一些帮助，尽管没有人这么要求我，而且我的行为还受到一些同事的议论。但我相信我是对的，并坚持了下来，长时间以来，我和老板配合得很好，他也渐渐习惯要我负责一些事……"

在很长一段时间内，斯林并未因积极主动的工作而多获取任何酬劳。可他学到了很多技术并获得了老板的赏识与信任，赢得了升职的机会。

有一位女士，她就是一个非常积极主动的人，她曾经被一位成功学家聘用为助手。她每天的工作主要就是替这位成功学家打印一些文件。有一天，这位成功学家口述了一句格言，要求她用打字机记录下来："请记住，每个人都有一个心理限制，它限制你的发展与行动，只要打破这个限制让自己积极行动起来，就有可能获取成功。"

她将打好的文件交给老板，并且有所感悟地说："你的格言令我深受启发，对我的人生大有价值。"这件事并没有引起成功学家的注意。从那天起，她是公司最早到的员工，也是最晚回家的员工，不计报酬地干一些并非自己分内的工作。

她在那段时间里，仔细阅读成功学家的书籍，并且把成功学家要用的许多稿件一一整理出来，有时自己也写一些稿件，她把这些稿件交给成功学家，希望得到成功学家的指点。一年以后，这位女士已经得到了职位的提升，成了成功学家的真正助理。然而她的故事并没有结束，这位女士的能力如此优秀，引起了更多人的关注，其他公司纷纷提供更好的职位邀请她加盟。为了挽留她，成功学家一次又一次地给她加薪水，与最初当一名普通速记员相比已经高出了四倍。

所以说，主动去做老板没有交代的事情，而且还能够把这些事做得很好，我们就能提升自己在老板心目中的位置，就会被调升到更高的职位，获得更大的成功。

俗话说："说一尺不如行一寸，心动不如行动。"很多人都在考虑，成功者与失败者之间的差别到底在哪里？其实，人与人之间在智力上的差异并不是想象中的那么大。很多事情，大多数人都知道，但是，能不能做到，做的结果如何，却是千差万别。

无论公司还是作为一名普通的员工，光能想出好的战略是不够的，只有把工作落实在行动上，才能得到想要的结果。如果只有心动而没有行动，那么永远都是"纸上谈兵"。

文莱克是一名食品推销员，他十分热爱自己的工作，但同时也非常热爱钓鱼和打猎，他总是喜欢在周末的时候带着钓竿和猎枪到丛林深处钓鱼打猎，几天后，再心满意足地带着一身的疲惫回家。但是，这种爱好使他乐在其中之时又困扰着他。因为这个

爱好占据了他太多的时间，几乎影响到了他的工作。

他想找到一种可以两全的办法。有一天，他从外面回到工作岗位上时，突然产生了一个十分奇异的想法："我可以在荒野之中开展业务。因为铁路公司的员工都居住在铁路的沿线，荒野中还散居着许许多多的猎人和矿工，这些都是潜在的客户。"这个想法令他兴奋不已，这样一来，他便可以在狩猎途中，兼顾自己的工作，这简直就是一个一举两得的好事。

接下来，他开始着手这项计划，没等跟家人告别，他便回家打点行李，进行准备工作，这样是为避免自己被犹豫和拖延影响了决心，而导致自己最终放弃这项完美的计划。直到第二天，他才告诉家人他已经在郊外开始工作了。他的小儿子一直嚷嚷着要找爸爸，这让他有点想要回家，但他马上打消了这个念头，还在心里默念："幸亏自己行动得早，不然，肯定会因舍不得家人而出不了家门了。"

之后的日子里，他沿着铁路线开始工作。那些人对他的态度十分友善和热情，他的工作因此开展得十分顺利。在和他们的接触之中，文莱克与他们产生了深厚的感情。文莱克教他们一些生活中的小手艺，给他们讲外面世界中的传奇故事，因此，他经常成为他们的尊贵宾客，文莱克推销的食品也大受欢迎。文莱克在这里工作了三个月后回到公司。随后的一年中，文莱克因这次行动而创造出了百万美元的业绩。

文莱克的成功说明了什么呢？任何理想，如果不付诸行动都只是空想而已，只有行动才会产生结果。行动是成功的前提，任何伟大的计划，最终落实到行动上才能成就所谓的"伟大"。取得成功的唯一途径就是立刻行动，而不是一味地"心动"。

然而，也许有人会反驳说："心想事成。"没错，只有首先有了想法才能有成功的可能，但是很多人只把想法停留在空想的阶段，而不落实到具体的行动中，那么这种想法终究无法得到实现。

行动表现了一个人敢于改变自我、实现自我的决心，是一个人能力的证明。心里有了一种想法，不付诸行动，却束之高阁，永远都看不到胜利的曙光。美国著名成功学大师马克·杰弗逊说："一次行动足以显示一个人的弱点和优点是什么，能够及时提醒此人尽快找到人生的突破口。"

工作中，很多人总是抱怨老板没有发现他们的才能，其实，是他们自己没有将这种才能付诸行动。他们在"心动"的环节中浪费了太多的时间，却没有在实际工作中加以实施。

而那些聪明的职业人不仅会时时产生一些"聪明"的想法，而且，他们还会将这种想法及时地在工作中加以运用。他们不会将时间浪费在做梦和犹豫中，而是一旦有了想法，就立即行动，这才是成功的关键。

成功的老板所具备的素质大致有一些共同点，他们有着积极主动的工作习惯，不是事事被人推着走，而是自己决定前进的方向和路线；他们从不消沉，从不轻易言败，而是充满热情地迎接每一天。这些品质无疑是值得我们学习，值得我们敬佩的。正是这些优秀的品质造就了老板们的成功。

站在老板的角度想问题

有一句歌词说："大男人，不好做，再痛苦，也不说。"其实做老板也一样，应该是：公司老板不好做，再苦再难也不说。你看见有几个老板在自己员工面前一把鼻涕一把泪地说："这么多年，我容易吗？"所以，如果我们对老板承担风险的勇气报以钦佩，如果我们能够理解管理者肩上的压力，那么，任何一个老板都会把我们看作是公司的支柱。

因此，这里提出换位思考，也就是要员工站在老板的角度去思考一些问题，充分理解老板的苦衷。如果我们是老板，我想我们肯定也希望当自己不在的时候，公司的员工还能够一如既往地勤奋努力，踏实工作，各自做好自己的分内之事，时刻注意维护公司的利益。这样你就可以一心一意处理好外面的事情。

既然我们这样希望我们的员工去做，那么，当我们回到自己的位置上的时候，我们就应该考虑，老板既然为我们提供了工作的岗位，为我们发工资和奖金，我们没有理由不把公司的事情做好。特别是当老板不在的时候，我们就应当把自己当作公司的老板。此时，我们的责任感就显得特别重要。如果我们能够完全负起责任，我们就是可托大事的人；反之，如果我们习惯于敷衍塞责，应付了事，我们可能永远做不出成绩来。因此，当老板不在的时候，很能考验出一个人究竟是在责任感天平上的哪一端。

对于公司来说，只要每个员工以公司为家，满腔热情地为公司工作，就会使公司的效益得到大幅度提高，还能增强公司的凝聚力，使公司更具竞争力，能让公司在变幻莫测的市场中更好地立足。对于员工来说，忠诚能使我们更快地与公司融为一体，真正地把自己当成是公司的一分子，更有责任感，对将来更加自信。老板总有一天会给我们理想的回报。

把公司当成自己的家，不应仅仅把目光放在今天，还要放眼公司的明天。为了公司的长远发展，我们不要陶醉于一时的成就，想一想未来，想一想现在所做的事有没有改进的余地，这些都能使我们在未来取得更长足的进步。尽管有些问题属于我们考虑的范围之内，但我们没有最终的决策权。但是我们可以向老板提出自己的合理化建议，这说明我们尽了一个公司主人该尽的责任，对公司充满了爱心，我们也会得到老板的信任。

以公司为家，为公司奋斗不息，公司也会给我们不错的回报，奖励的方式可以不同，可以就在今天、下月或明年。

把公司看成是自己可以托付的地方，为自己搭建施展才华的平台，我们就要献出爱心和努力，那就是比老板更积极地、主动地工作。然而，很多人却认识不到这一点，他们片面地认为"公司是老板的，我只是替别人打工，工作得再多、再出色，得好处的还是老板，于我何益？"存有这种想法的人很容易成为"按钮"式的员工，天天按部就班地工作，缺乏活力，根本没什么责任感。这种想法和做法无异于在浪费自己的生命和自毁前程，更不会为了公司而兢兢业业地去工作、去拼搏。

英特尔总裁安迪·葛洛夫应邀对加州大学伯克利分校毕业生发表演讲的时候，提出以下的建议："不管你在哪里工作，都别把自己当成员工，而应该把公司看做自己开的一样。"自己的职业生涯除了自己之外，没有人可以掌控，这是我们自己的事业。这就要求自己比老板更积极主动地工作，对自己的所作所为负起责任，并且持续不断地寻找解决问题的方法。照这样坚持下去，我们的表现便能达到崭新的境界，为此我们必须全力以赴。

如果我们是老板，我们对今天所做的工作完全满意吗？别人对我们的看法并不重要，真正重要的是我们对自己的看法。回顾一天的工作，扪心自问："我是否付出了全部精力和智慧？"

不要以为老板做的事很少，总是一副不紧不慢、悠然自得的样子。其实，他们的头脑中无时无刻不在思考着公司行动的方向和进度，一天操劳十几个小时的情况并不少见。因此，不要吝惜自己的私人时间，要敢于为公司工作更多的时间，一到下班时间就率先冲出去的员工是不会得到老板喜欢的。即使我们的付出得不到什么回报，也不要斤斤计较。除了自己分内的工作之外，尽量找机会为公司作出更大的贡献，让公司觉得我们物超所值。

如果我们是老板，一定会希望员工能和自己一样，将公司当成自己的事业，更加努力，更加勤奋，更积极主动。因此，当我们的老板向我们提出要求时，请不要拒绝。

以公司主人的心态对待公司，我们就会成为一个值得信赖的人，一个老板乐于雇用的人，一个可能成为老板得力助手的人。更重要的是，我们能心安理得地沉睡入眠，因为我们清楚自己已经全力以赴，已完成了自己所设定的目标。

我们要时时给自己敲响警钟，告诫自己不要满足于已有的成就，不要因自己为公司作出了些许贡献而止步不前。如果我们想让公司这个家永远繁荣昌盛，就应该时时警告自己不要躺在安逸的床上睡懒觉，要让自己每天都处在别人无法企及的激情状态下努力工作，除了公司会因我们而充满活力，相信也会有更多的机会垂青于我们。

一个把公司视为自己的一切并尽职尽责完成工作的人，终将会拥有自己的事业。许多管理制度健全的公司，正在创造机会使员工成为公司的股东。因为人们发现，当员工成为企业所有者时，他们表现得更加忠诚，更具创造力，也会更加努力工作。有一条永远值得人们铭记的道理：把自己看作公司的主人，我们就会走向成功。

如果我们认为老板整天只是打打电话，赶赶饭局而已，那就大错特错了。实际上，他们头脑中时时在思考着公司的行动方向和远景。有时，我们不妨来一下换位思考，也就是要员工站在老板的角度去思考问题。在工作中，我们应该具有一种老板心态。经常问一问自己："假如我是老板，我会怎么想，怎么做？"

所有的老板都一样，他们都不会青睐那些只是每天八小时在公司得过且过的员工，他们渴望的是那些能够真正把公司的事情当成自己的事情来做的员工，因为这样的员工任何时候都敢作敢当，而且能够为公司积极地出谋划策。

一旦有了这种心态，我们就会对自己的工作态度、工作方法以及工作业绩提出更高的要求与标准。只要我们能深入思考，积极行动，很快就会成为公司中的杰出人物。

站在老板的角度上思考，可以让我们受益匪浅。老板之所以

称为老板，自然有其过人之处，也自然是优秀之人。向优秀的人学习，揣摩优秀的人是怎么想的，以老板的心态对待工作，我们就会去考虑企业的成长，就会知道什么是自己应该去做的，什么是自己不应该去做的，就会像老板一样去思考、去行动。

老板与员工最大的区别就是：老板把公司的事情当成自己的事情，员工则喜欢把公司的事情当成老板的事情。在这两种不同心态的驱使下，他们工作的方式不可同日而语。老板，任何关于公司利益的事情他都会去做。但是有些员工在公司里却往往只做那些分配给他们的事情，对于其他的事情，他们往往用"那不是我的工作""我不负责这方面的事情"来推托。

从我做起，从现在做起，让自己像老板那样去思考公司的事情，想一想怎样才能发挥出最大的能量，做好自己的事情。要像关爱自己的家一样去关心公司的经营和发展。

当我们以老板的心态去对待工作的时候，我们会完全改变我们的工作态度。我们会时刻站在老板的角度思考问题，我们的业绩会得到提高，我们的价值会得到体现，企业会因为有我们的努力而变得不一样，我们也可以通过我们的带动作用改变我们身边的人。

以企业的兴衰成败为己任是一种职场上的职业道德，也是一种服务企业的力量源泉。当一个员工以企业的兴衰成败为己任的时候，他会以企业发展为思考方向，他会愿意为企业做出超值的付出，最重要的是他会以企业为荣，真正把企业当成是自己的家、自己的朋友来看待，这跟个人在公司的职位、工资高低、年资等无关，而跟个人的职业操守与自我要求有关。

挺身而出，帮老板解决问题

当公司遇到困难时，你是否挺身而出？当自己受到公司的不公平待遇的时候，我们是否抱怨不止？如果我们的行动、表现与作为公司主人的我们应该做出的行动、表现一样的话，我们已经完完全全把公司当成自己的了，不久的将来我们就会成为老板。

企业出现了问题，谁最应该先站出来？毫无疑问，是老板。老板是企业的最高权力人，企业出了问题，老板首当其冲。

在一个企业中，老板是最高负责人，行使公司最高决策权。其根本责任就是利用有限资源为企业带来最大的利润。如果老板出现错误，哪怕只是一点点小的失误，都会对企业造成莫大的损失，不仅仅是损失企业的利润，对所有辛勤工作员工的努力也是一种损失。

企业受到损失，老板应该首先反思：

自己在做某一个决策的时候是否能保持冷静，而不是一时的头脑发热；

自己在制订某一项制度的时候能否做到足够全面，而不是一厢情愿；

自己在交付每一项任务时能否考虑人尽其才，而不是任人唯亲；

自己在评价某一个员工时是否能保持客观，而不是凭个人好恶；

自己在说某一句话的时候能否三思，而不是因为一时冲动。

在企业工作，就一定会利用企业资源，每一个人都在同一个平台上工作，企业的资源是有限的，你用了，他就用不了。所以，使企业资源最充分地得到利用是企业高效运转的标准之一。

宁波方太厨具公司总裁茅忠群说："每一级主管，都要牢固树立'到此为止'意识、'守土有责'观念，把好各自关口，将矛盾和问题解决在萌芽状态，解决在自己手上，决不推诿，不到万不得已，决不把问题上交，决不让上司过分操心。一级对一级负责，一级让一级放心。"从某种意义上讲，人的成功很大程度上取决于他所承担的责任。一个人能取得多大的成功，源于他有多大的责任感。责任感是一个人获取成功必备的素质，是一个企业得以长期生存的基本条件，更是一个企业迈向成功的必经之路。

公司的发展不可能会是一帆风顺的，总会遇到这样或那样的困难。然而当遇到困难时总是找借口应付了事的员工，在企业里肯定是最不受欢迎的员工；而遇到困难总是去找方法解决的员工，一定是企业里优秀的员工，同时也是企业最需要的员工。

最能考验员工是不是以公司为家的精神的时刻，就是在公司遭遇到困难的时候员工的表现。员工初进公司的时候，公司不惜代价对员工进行培训，使员工积累了一定的工作经验；当公司遇到困难最需要他们的时候，他们经常是不辞而别，这样的人对公司缺乏最起码的感情和忠诚度。

一个责任感强的员工应当在老板和公司最需要的关键时刻挺身而出，为老板分忧解难，帮老板解决问题。公司的经营随时都会出现许多意外的事件，给公司和老板带来棘手的问题，有些迫在眉睫，必须马上解决，这时候我们就要在知道自身能力的情况下，挺身而出，帮老板解决所遇到的问题。

不要在心里说："反正不是我的事，还有别人，我干吗要出头，做吃力不讨好的事。"不要以为自己现在还处于公司最底层就逃避责任，就不敢去做，犹豫徘徊。

一位咨询公司的顾问谈起了他曾经服务的一家公司，该公司老板精力旺盛，而且对流行趋势的反应极其敏锐。他才华横溢、精明干练，但是管理风格却十分独裁，对下属总是颐指气使，从不给他们独当一面的机会，人人都只是奉命行事的小角色，连主管也不例外。

这种作风几乎使所有主管离心离德，多数员工一有机会便聚集在走廊上大发牢骚。乍听之下，不但言之有理而且用心良苦，仿佛全心全意为公司着想。只可惜他们光说不练，把上司的缺失作为自己工作不力的借口。

然而，有一位叫祥刚的主管却不愿意加入抱怨者的行列。他并非不了解顶头上司的缺点，但他的回应不是批评，而是设法弥补这些缺失。上司颐指气使，他就加以缓冲，减轻下属的压力，又设法配合上司的长处，把努力的重点放在能够着力的范围内。

受差遣时，他总是尽量多做一些，设身处地体会上司的需要与心意。如果奉命提供资料，他就附上资料分析，并根据分析结果提出建议。

有一次，老板外出，在那天半夜里，保安紧急通知几位主

管，公司前不久因违纪开除的三名员工纠集外面一帮"同伙"打进厂里来了，已打伤了数名保安和员工，砸烂了写字楼玻璃门。其他几位主管因为对老板心怀不满而不愿担负责任，就干脆装作不知道。而当祥刚接到通知后，立刻赶赴现场，他首先想到的就是报警，接着又请求治安员火速增援。为控制局面，他用喇叭喊话，同对方谈判，稳住对方，直到民警和治安队员赶来将这帮肇事者一网打尽。

这件事情过后，祥刚赢得了其他部门主管的敬佩与认可，老板也对他极为倚重，公司里任何重大决策必经他的参与及认可。老板并未因他的表现而受到威胁，因为他们两人正好可以取长补短，相辅相成，产生互补的效果。

企业的发展不可能风平浪静，企业的管理也不可能滴水不漏，老板的才能也不可能没有欠缺，一个勇于负责的员工应当在老板需要的时刻挺身而出，该出手时就出手，为老板分担风险，这样我们必将赢得其他同事的尊敬，更能得到老板的信任和器重。而那些认为多一事不如少一事、逃避责任的员工，是永远都不会进入老板视野的，也永远成不了公司的核心员工，成不了公司发展的核心力量。

公司利益超越个人利益

在任何一个企业，责任感都是员工生存的根基。我们的家庭需要责任，因为责任让家庭充满爱；我们的社会需要责任，因为责任能够让社会平安、稳健地发展；我们的企业需要责任，因为责任让企业更有凝聚力、战斗力和竞争力。

做企业的主人，首先要做到的是像关爱自己一样关爱我们的公司。如何让员工真正地做企业的主人呢？这就要求员工拥有主人翁精神，不仅仅是让员工自己成为企业的主人，而是让员工时刻与公司血肉相连、心灵相通、命运相系，用这样的心态和信念去做好每一件事情。毋庸置疑，员工的主人翁精神直接决定企业的竞争力。因为如果每一个人都有主人翁精神，都把公司的事情当成自己的事来做的话，公司在无形当中会形成很大的竞争力。大家会把所有可能的成本，包括信息的成本、合约的成本、监督的成本、实施的成本，都可以大幅度地降低；还可以把人的潜能大幅度地挖掘出来。只要我们有主人翁精神，我们就会认为自己在做一件很有价值的事情。

"做企业的主人，以企业的兴衰成败为己任。"这是一位记者采访通用电气前CEO杰克·韦尔奇是什么原因使通用电气快速发展时，他所说的一句很值得我们思考与借鉴的名言。在很多公司中，有能力者很多，却仍然没有把公司继续经营下去，其中最主要的原因可能在此。杰克·韦尔奇之所以成功，是因为他有以企业的兴衰成败为己任的观念，从而使他的能力更快地体现。

以企业的兴衰成败为己任，不仅仅是杰克·韦尔奇的成功心得，更是提醒在职的员工们如何去开创自己的事业。要实现真正的奉献，必须发扬主人翁精神，要以企业为家，以发展企业为己任，一心为公，不谋私利，要有高尚的情操，要有纯洁的心灵，一事当

前，要以集体的利益为重，切不可斤斤计较，患得患失。如果我们企业的员工都真正发扬了奉献精神，我们的事业势必将会出现蓬勃兴旺、如日中天的局面。可是很遗憾的是，很多公司的员工却不这么认为，更多的表现是他的意见总是比他真正做出来的事要多很多，而一旦真正叫他负责时却又推三阻四、借口一堆，不肯担负责任，他认为多付出对他而言是一种个人的损失。

把职业当事业，把企业当家业。一位成功的企业家曾说过："一个人应该永远同时从事两件工作：一件是目前所从事的工作；另一件则是今后要做的工作。你既然成了这家企业的员工，就应该时时刻刻竭尽全力为企业作贡献，与企业共命运。企业就是你的家，要是家庭不幸，你也会遭遇不幸。"为此，任何一位老板，没有一个不希望自己的员工把公司当成自己的家，把公司当成自己的事业，把自己融入公司中，勤勤恳恳地工作，和公司共同发展。这时，我们要积极回应老板的要求，以公司为家，努力工作。除了极少数的人能直接创建自己的事业，大多数人都必须走一条相同的路，依托公司构建自己的职业生涯。只要我们是公司的一员，就应当以公司为家，和公司荣辱与共。我们要抛开任何借口，投入自己的忠诚和责任感，全身心地融入公司，尽职尽责，处处为公司着想，理解公司面临的压力，以公司主人的态度去应对一切。

我们经常用"同舟共济"比喻团结一致，战胜困难。很多人却不明白为什么要和老板同舟共济呢？

春秋时期，吴国和越国经常互相打仗。两国的人民也都将对方视为仇人。有一次，两国的人恰巧共同坐一艘船渡河。船刚开的时候，他们在船上互相瞪着对方，一副要打架的样子。但是船开到河中央的时候，突然遇到了大风雨，眼见船就要翻了，为了保住性命，他们顾不得彼此的仇恨，纷纷互相救助，并且合力稳定船身，才逃过这场天灾，安全到达河的对岸。

与老板同舟共济，因为公司就是载我们的船，老板是掌舵之人，而我们就是在这船上干活的人，如果我们不与老板同舟共济，有一天船翻了，我们也不会幸免于难的！

一条船航行在惊涛骇浪的大海上，船上的每一个人都不可能单独逃生。

在这个硕士、博士满街走的时代，最不缺的是人才，最缺乏的却是人心。很多员工认为，自己和老板就是赤裸裸的劳动和报酬的交换关系，我工作，你付钱，天经地义，以人格上的平等来弱化"契约精神"上的"同舟共济"。工作上谈不上完全是敷衍了事，按部就班的成分也少不了。当然，人是利益动物，在不违背法律和道德原则上的自由选择是无可厚非的，但当我们遵守自己的职责和老板同生死，共存亡，一定会获得意外的收获。

既然选择为一个老板工作，我们就是老板的下属。同样，不管我们是机修工，还是推销员；我们是会计，还是出纳；也不管我们是技术开发人员，还是部门经理；哪怕我们仅仅是一名仓库保管员，或者是内部的清洁工，这些都无关紧要。最重要的是我们在公司这条船上，我们必须和公司共命运。我们必须和老板同舟共济，乘风破浪，驶向我们的目标港。

只要我们是公司的员工，我们就是这条船的工作人员。我们必

须以主人的心态来管理照料这条船，而不是以一种"乘客"的心态来渡过人生的浩瀚大海。

记住：在这船上，我们是工作人员，而不是一名乘客！

如果把公司比喻为一只船，那么它只能向一个方向前进，那就是目标的方向。

既然登上了公司这条船，我们就是船上的一员。我们必须和公司的员工同舟共济，向着共同的目标迈进，这就是共同的愿望，所有员工都应坚持这个方向并为之努力奋斗。

老板不在时，员工能够表现出的自觉和自律，其根源也是共同愿望。作为一名普通的员工，必须和大家有着共同愿望，就是把我们辛苦为之奋斗的企业做得更大更强。老板在与不在，并不应该成为员工放弃追求、自甘懒散的理由。

一个企业会在不同时期树立不同的发展目标，作为一名普通的员工，要使自己的工作目标同企业的发展愿景结合在一起，这样的"合拍"不仅为企业快速实现愿景加重了砝码，同时，对于个人的发展也起到了催化剂的作用。

为公司赚钱就是为自己赚钱。公司雇用我们，最直接的目的就是希望我们为公司创造效益。我们不能替公司赚钱，老板雇我们干什么呢？公司为我们提供舞台，我们的个人收入是我们为公司创造收益的副产品。我们为公司赚得越多，我们的收入自然也会水涨船高。我们是否热情、是否勤奋、是否进取、是否充满使命感……最终的体现在于我们能否创造财富上。获取财富虽然不是我们工作的唯一目的和收益，但却是衡量我们工作成绩重要的量化指标之一。一个好员工必然是能为公司创造财富的员工。

"皮之不存，毛将焉附？"公司的利益如果不能得到保障，那么我们的个人利益就成了无源之水。因此，尽自己最大的力量为企业创造更多财富，这是每一个员工的使命。企业这个大的团队得到了好的发展，作为其中一员的我们才能获得更多的利益。

很多时候，我们总是将工作关系理解为纯粹的商业交换关系，认为相互对立是理所当然的。其实，虽然雇用与被雇用是一种契约关系，但是并非对立关系。从利益关系的角度看，是合作双赢；从情感关系的角度看，可以是一份情谊。不要认为老板就是剥削我们的人，我们可曾看到他们的责任和压力？遇到委屈的时候，试着站在他们的角度去想想。

站在企业的角度思考问题，我们才能成为企业需要的优秀人才。同时，我们也会因为视角的不同，为日后的成就奠定坚实的基础。

不能为公司创造利润，就是在拖累公司

当我们去考虑企业的成长，考虑企业的费用，我们会感觉到企业的事情就是自己的事情。我们知道什么是自己应该去做的，什么是自己不应该做的。要知道，高报酬的薪水同样也意味着更高的责任和对职业奉献精神更高的要求，想要在工作上有一番成就，就必须不断寻找机会，扩大自己对公司的贡献。

　　员工和企业是一个不可分割的整体，企业的发展如何，在很多时候取决于员工的努力情况。换句话说，员工到底能够获得多少利益，也由企业的发展状况决定。所以，不要总是抱怨你得到的利益少，而是要问问自己，我们到底为企业带来了多少效益。

　　员工是企业的推动者，企业是员工的成全者，员工与企业密不可分。用个最形象的比喻就是，如果企业是一片肥沃的土地，那么员工就像土地里的种子。种子为土地带来生机勃勃的希望，土地为种子提供了成长的环境和条件。土地没有种子，便不可能拥有遍野丰收的美景，种子缺少了沃土的滋养，便不可能茁壮成长，收获也会随之减少。企业与员工之间，实现的是一种双赢模式。

　　员工的成长依靠于企业，同时员工的利益也依赖于整个企业的效益。所谓企业兴，员工兴；企业衰，员工衰。可见，企业的发展决定着我们的利益。企业有收益，我们才有利益。当我们的企业收益少时，我们的利益也自然会少。企业不是老板一个人的事情，而是所有员工共同的事情，我们要想得到高利益，就必然先要帮助企业获得高收益。如果与企业同呼吸、共命运，处处站在企业的角度考虑，那么我们就必定能获得丰厚的回报。

　　对企业来说，我们做了什么并不重要，关键是我们最终给企业带来了什么。老板最关注的不是我们有多么努力、多么忙碌，而是我们能为企业带来什么实质性的东西，为企业创造了多少效益。所以不要为了老板看不到自己的努力而耿耿于怀，也不要为了自己的付出不被重视而抱怨，而是要拿出优秀的业绩证明我们自己。业绩是老板衡量一名员工为企业贡献程度的重要标准之一，能够为企业带来实质性财富的员工，才有资格同企业分享收益。在企业中，只有我们的业绩才能帮我们证明一切，只要我们为企业创造了财富，那么我们在老板眼中就是优秀的。

在企业中，只注重个人利益的员工就如同拿着别人的钱办别人的事，往往不懂节约也没有效率。企业以效益求发展，以资源保生存，对于这样浪费资源却没有效率的员工，老板也自然避之不及。任何一个老板都希望看到把企业利益放在首位的员工。

企业以效益谋发展，企业聘用我们，就是为了稳定和提高企业效益。为企业创造利润，是我们应尽的责任。我们只有将为企业服务当成一种使命去履行，为企业发展全力以赴，我们才有可能在企业中脱颖而出。

这种习惯或许不会有立竿见影的效果，但可以肯定的是，当"做不到最好"成为一种习惯时，其后果将可想而知——工作上投机取巧也许在短期内只会给你的上司和公司带来一点点的经济损失，但长此以往，它却可能毁掉我们的企业，影响到我们个人前途的发展。

每一个人都应该明白这样一个道理：工作是一种利用企业资源的行为活动，可以把每一项工作看成是一次得以利用资源的机会，这个机会给我们了，我们就得利用好，否则就是对企业资源的一种浪费，对企业本身的一种损害。因为当我们在利用这次机会的同时，我们的同事也相应地失去了这次机会，如果我们没把工作做好，对其他同事是不公平的。

现实当中，人们总希望自己的收入变得更高一点。有一个观念很重要，就是：金钱是价值的交换。只要我们能够为我们所服务的团队创造出很好的价值，我们就会获得应得的金钱。不管在什么样

的公司工作，不管这家公司是什么样的性质，我们都应该每天坚持思考帮助公司创造价值的方法。

在这个竞争激烈的时代，企业只有通过大家的贡献，创造更大更多的利润才能让企业有更强的竞争力，才能更好地生存，更加地壮大。

在企业里，有带动企业发展为企业创造价值和效益的好员工，也有消极的不能为公司发展作出贡献的只强调自己付出的员工。而这些员工只会让公司失去生机和活力，缺少效益和竞争力，让企业一天天地走向倒闭的边缘。

企业和个人是一个整体，只有我们通过自己的主观能动性努力去带动企业的发展，为企业创造更多的效益和利润，员工才能得到更大的回报，才能水涨船高达到双赢，所以从现在起我们都应该忘记工资的概念，踏实努力、谨慎认真地工作，加大精力提高自己的专业和业务能力。用自己的能力使企业的效率提高、效益增大。用工作和效益证明自己的能力。更好地展现自己的实力，让企业和个人得到更大的发展。

作为一名员工，要时时以经营绩效为己任，努力为公司创造利润，伴随公司成长而成长。

利润是所有企业得以发展的原动力，公司是一个以实现经济利益为主要目标的经营实体，必须凭借足够稳固的利润去不断壮大发展。而要发展就需要公司所有员工都积极主动地把自己的全部力量和才智贡献出来，为公司出谋划策，并贯彻实行。

如果我们只是一枚平淡无奇的小沙粒，那我们就没有理由抱怨不被注意，因为我们没有被注意的价值。要想引起注意，要想有自己的立场和声音，我们先要站起来去为自己争取结果。努力才能提升我们的价值，成为闪亮的珍珠后我们才能引人注意。

我们要认清这样一个现实：公司不是慈善机构，老板与职员也不是父母与孩子的关系。在企业付给我们报酬的同时，我们应该给企业几倍甚至几十倍、几百倍的回报。最起码，我们为企业创造的价值要超过企业支付给我们的报酬。每一个老板都希望自己的员工能创造出优异的业绩，而绝不希望看到员工工作卖力却成效甚微。

真正有远见的人懂得：工作，凭的是业绩，是实力。要想成为职场中的佼佼者，要想超越其他人，那么，就要毫不懈怠、竭尽全力地把我们那一行钻研透彻。事实表明，品格优秀，又业绩斐然的员工，是最令老板倾心的员工。如果我们在工作的每一阶段，总能找出更有效率、更经济的办事方法，我们就能提升自己在老板心目中的地位。

一个员工，要想在公司里占有一席之地，就要对自己所从事的工作的价值有更深入的理解，只有认定自己工作的价值，为公司赚取更多的利润，才能在职场中稳操胜券。也就是说，能为公司赚钱的人，才是公司最需要的人。